AutoUni – Schriftenreihe

Band 114

Reihe herausgegeben von/Edited by
Volkswagen Aktiengesellschaft
AutoUni

Die Volkswagen AutoUni bietet Wissenschaftlern und Promovierenden des Volkswagen Konzerns die Möglichkeit, ihre Forschungsergebnisse in Form von Monographien und Dissertationen im Rahmen der „AutoUni Schriftenreihe" kostenfrei zu veröffentlichen. Die AutoUni ist eine international tätige wissenschaftliche Einrichtung des Konzerns, die durch Forschung und Lehre aktuelles mobilitätsbezogenes Wissen auf Hochschulniveau erzeugt und vermittelt.

Die neun Institute der AutoUni decken das Fachwissen der unterschiedlichen Geschäftsbereiche ab, welches für den Erfolg des Volkswagen Konzerns unabdingbar ist. Im Fokus steht dabei die Schaffung und Verankerung von neuem Wissen und die Förderung des Wissensaustausches. Zusätzlich zu der fachlichen Weiterbildung und Vertiefung von Kompetenzen der Konzernangehörigen, fördert und unterstützt die AutoUni als Partner die Doktorandinnen und Doktoranden von Volkswagen auf ihrem Weg zu einer erfolgreichen Promotion durch vielfältige Angebote – die Veröffentlichung der Dissertationen ist eines davon. Über die Veröffentlichung in der AutoUni Schriftenreihe werden die Resultate nicht nur für alle Konzernangehörigen, sondern auch für die Öffentlichkeit zugänglich.

The Volkswagen AutoUni offers scientists and PhD students of the Volkswagen Group the opportunity to publish their scientific results as monographs or doctor's theses within the "AutoUni Schriftenreihe" free of cost. The AutoUni is an international scientific educational institution of the Volkswagen Group Academy, which produces and disseminates current mobility-related knowledge through its research and tailor-made further education courses. The AutoUni's nine institutes cover the expertise of the different business units, which is indispensable for the success of the Volkswagen Group. The focus lies on the creation, anchorage and transfer of knew knowledge.

In addition to the professional expert training and the development of specialized skills and knowledge of the Volkswagen Group members, the AutoUni supports and accompanies the PhD students on their way to successful graduation through a variety of offerings. The publication of the doctor's theses is one of such offers. The publication within the AutoUni Schriftenreihe makes the results accessible to all Volkswagen Group members as well as to the public.

Reihe herausgegeben von / Edited by
Volkswagen Aktiengesellschaft
AutoUni
Brieffach 1231
D-38436 Wolfsburg
http://www.autouni.de

Weitere Bände in der Reihe http://www.springer.com/series/15136

Emrah Yigit

Reaktives FE-Menschmodell im Insassenschutz

Simulation der Insassenkinematik in der Pre-Crash-Phase

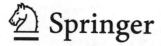

Emrah Yigit
Wolfsburg, Deutschland

Zugl.: Dissertation, TU Bergakademie Freiberg, 2017, unter dem Titel „Reaktives Menschmodell zur Simulation der Insassenkinematik in der Pre-Crash-Phase"

Die Ergebnisse, Meinungen und Schlüsse der im Rahmen der AutoUni – Schriftenreihe veröffentlichten Doktorarbeiten sind allein die der Doktorandinnen und Doktoranden.

AutoUni – Schriftenreihe
ISBN 978-3-658-21225-4   ISBN 978-3-658-21226-1   (eBook)
https://doi.org/10.1007/978-3-658-21226-1

Die Deutsche Nationalbibliothek verzeichnet diese Publikation in der Deutschen Nationalbibliografie; detaillierte bibliografische Daten sind im Internet über http://dnb.d-nb.de abrufbar.

Gedruckt auf säurefreiem und chlorfrei gebleichtem Papier

Springer ist Teil von Springer Nature
Die eingetragene Gesellschaft ist Springer Fachmedien Wiesbaden GmbH
Die Anschrift der Gesellschaft ist: Abraham-Lincoln-Str. 46, 65189 Wiesbaden, Germany

Danksagung

Die vorliegende Dissertation entstand im Rahmen meiner Tätigkeit als Doktorand in der Konzernforschung der Volkswagen AG in Wolfsburg in den Jahren 2012 bis 2015.

Ein besonderer Dank geht an meinen Doktorvater, Prof. Dr. Matthias Kröger für die Übernahme der Betreuung und des Erstgutachtens. Sein mir entgegengebrachtes Vertrauen, die motivierende Art sowie die fachliche Expertise haben mich sehr unterstützt und zum Erfolg dieser Arbeit maßgeblich beigetragen. Ich danke Prof. Dr. Thomas A. Bier für die Übernahme des Prüfungsvorsitzes. Prof. Dr. Steffen Peldschus danke ich für die Übernahme des Zweitgutachtens und das damit entgegengebrachte Interesse für diese Arbeit.

Ein großer Dank geht an Jens Weber der mich während meiner Promotion bei Volkwagen über drei Jahre betreut hat. Seine stete Wertschätzung der Arbeit, die fachliche Unterstützung sowie die persönlichen Gespräche haben mich in meinem Vorhaben bestärkt und stets motiviert.

Des Weiteren danke ich Dr. Henry P. Bensler, Thomas Drescher, Dr. Bodo Specht und Dr. Eduard Seib für das entgegengebrachte Vertrauen, die Ermöglichung der Zusammenarbeit zwischen der Konzernforschung und der Entwicklung-Fahrzeugsicherheit, die ermöglichten Konferenzteilnahmen und die mir gewährten Freiräume. Ich danke zudem Martin Schallmo, Dr. Michael Andres und Takahiko Sugiyama für die Unterstützung bei Fragestellungen zur numerischen Methodik und FE Modellierung. Christoph Vieler möchte ich für die kritische Durchsicht dieser Arbeit und für die konstruktiven Ratschläge danken.

An dieser Stelle bedanke ich mich außerdem bei den Kolleginnen und Kollegen der Fachabteilungen *Simulation Insassenschutz* sowie *Berechnungsverfahren* der Volkswagen AG für die vielen wertvollen Anregungen und stete Hilfsbereitschaft. Ich danke außerdem den Projektmitarbeitern des *OM4IS* Projekts sowie der *THUMS User Community (TUC)* für die gute Zusammenarbeit.

Ich möchte mich herzlichst bei meiner Familie und Freunden bedanken, die stets ein offenes Ohr für mich hatten und mir immer zur Seite standen. Ein ganz besonderer Dank gilt meinen Eltern, ohne deren großes Vertrauen und Unterstützung ich nicht an dem Punkt stände, an dem ich heute bin.

Emrah Yigit

Kurzfassung

Aufgrund der steigenden Anforderungen an die Fahrzeugsicherheit wird neben der bisherigen Auslegung von Rückhaltesystemen mit Crashtestdummys zukünftig eine detailliertere Kenntnis über die Anthropometrie des Insassen, dessen Position vor einem Crash-Szenario und über Verletzungsmechanismen benötigt. Durch den steigenden Einsatz von Fahrerassistenzsystemen im Fahrzeug, die z.B. eine Notbremsung oder -lenkung autonom auslösen können und somit die Insassenposition relativ zu den auslösenden Rückhaltesystemen beeinflussen, ist die Kenntnis der Insassenkinematik infolge der aktiv eingreifenden Systeme erforderlich.

Eine vereinfachte digitale Abbildung des Insassen in Crashlastfällen erfolgt mit dem Einsatz von Finite-Elemente (FE)-Dummymodellen sowie passiver virtueller Menschmodelle. Diese Modelle können jedoch menschliche Bewegungen und Anspannungszustände nicht abbilden. Daher sind solche Modelle für die Prognose der Insassenkinematik in der Pre-Crash-Phase, wie beispielsweise bei Notbrems- und Notlenkmanövern, unzureichend.

Bisherige Arbeiten, die eine geregelte Muskelaktivierung mit einem virtuellen Menschmodell abbilden, beschränken sich auf vereinfachte Modelle (z.B. MKS-Modelle) oder weisen Regelungen zur muskulären Anspannung auf, die für zukünftige Analysen aus der Kombination aus Crash- und In-Crash-Phasen unzureichend sind. Sowohl ein hoher Detailierungsgrad der menschlichen Anthropometrie als auch ein richtungsunabhängiger Regelungsalgorithmus zur Ansteuerung der Muskelelemente sind Grundvoraussetzungen für den Einsatz eines reaktiven Menschmodelles zur Prognose von Bewegungen als auch von Verletzungen.

Die vorliegende Arbeit stellt eine Methodik zur geregelten Muskelaktivierung aus FE Hill-type-Muskelelementen sowie der λ-Regelung bereit. Der Fokus der Arbeit liegt auf der systematischen Herangehensweise für die Weiterentwicklung eines *passiven FE-Menschmodells* zu einem *reaktiven FE-Menschmodell* sowie der Untersuchung von Einflussfaktoren auf die Bewegungskinematik. Des Weiteren wurden Regelparametersätze erarbeitet, die zur Klassifikation von unterschiedlichen muskulären Anspannungszuständen herangezogen werden können.

Der im Rahmen dieser Arbeit entwickelte Ansatz wurde anhand von Probandendaten sowohl aus Armbeugeversuchen als auch aus Notbremsversuchen validiert. Des Weiteren wurde das entwickelte *reaktive FE-Menschmodell* für die simulative Bewertung des Einflusses eines reversiblen Gurtstraffers auf die Insassenkinematik eingesetzt.

Abstract

Due to increasing requirements on vehicle safety more detailed information concerning occupant anthropometry, the occupant's position before the crash scenario as well as the trauma biomechanics is needed. The increasing implementation of Advanced Driver Assistance Systems in vehicles like autonomous emergency braking and steering assist systems play a significant role in influencing the position of occupants relative to the restraint systems. In the case of triggered advanced driver assistance systems, the occupant's kinematics needs to be predicted.

The simplified digital representation of occupants for crash load cases is simulated by using Finite Element dummy models and passive virtual Human Body Models. These models cannot simulate human-like kinematics or bracing behaviour for pre-crash scenarios. Therefore, these models are weak in simulating the occupant's kinematics in pre-crash scenarios like emergency braking and lane change scenarios.

Previous studies with controlled reactive virtual Human Body Models are limited in their complexity by either being based on multi body models or being based on a muscle controllers with limited function. Both, a highly complex model as well as a muscle controller which is not limited to in-plane movements only are important requirements for the application of a controlled virtual Human Body Model to predict kinematics as well as injuries. The relevant application for this case is the simulation of kinematics and body deformation for pre-crash and in-crash accidents.

This thesis presents a novel method for controlled muscle activations based on Finite Element Hill-type muscle elements in combination with the λ-control. The focus of this thesis lies on a systematic approach to extend a passive virtual Human Body Model to a reactive one. It shows the influencing effect of muscle forces as well as muscle controller control parameters to the occupant's kinematics. Furthermore, a classification of control parameters to represent different tensing conditions of the occupants is presented.

The developed approach was validated against volunteer data from arm flexion and emergency braking vehicle tests. Moreover the reactive virtual Human Body Model was used to investigate the effect of the reversible belt pretensioner to the occupant kinematics in emergency braking load cases.

Inhaltsverzeichnis

Abbildungsverzeichnis

Tabellenverzeichnis

Formelzeichen- und Abkürzungsverzeichnis

Symbol	Bedeutung
γ	Konzentration der freien Kalzium-Ionen
$\dot{\gamma}$	Konzentrationsrate der freien Kalzium-Ionen
δ_l	Koaktivierungsparameter der λ-Regelung
$\delta u, \delta v, \delta w$	Virtuelle Verschiebungskomponente in Richtung u,v,w
δx	Virtuelle Verschiebung
δA_a	Variation der Arbeit der äußeren Kräfte
δA_i	Variation der Arbeit der inneren Kräfte
δW	Variation der Formänderungsenergie
$\delta \Pi$	Variation des elastischen Potentials
Δx	Schrittweite
κ_l	Verstärkungsfaktor der muskulären Stimulation der λ-Regelung
λ_l	Soll-Muskellänge der λ-Regelung
ξ	Formparameter zur Berechnung von ρ_l
ρ_l	Umrechnungsfaktor der Aktivierungsdynamik zwischen der Faserebene (Aktin-/Myosinüberlappung) und der Muskelebene
σ_l	Gewichtungsparameter der Deformationsgeschwindigkeit
σ_M	Muskelspannung
φ	Armbeugewinkel
a	Formparameter der charakteristischen Hill-Gleichung (Dimension einer Kraft)
A_i	Arbeit der inneren Kräfte
A_a	Arbeit der äußeren Kräfte
$a_{l\,opt}$	Relation zwischen der optimalen Muskellänge und der Muskelruhelänge
b	Formparameter der charakteristischen Hill-Gleichung (Dimension einer Geschwindigkeit)
B_d	Differenzielle Rückführungsmatrix
c_D	Koeffizienten der linear-viskosen Dämpfung
ce	Kontraktiles Element des Hill-type-Modells
cl	Formparameter zur Berechnung von ρ_l

C_{leng}	Formparameter der Muskellängung des Hill-type-Modells
C_{mvl}	Relationsparameter zwischen der maximalen Muskelkraft der exzentrischen und isometrischen Kontraktion
C_{PE}	Formparameter der Kraft-Längen-Relation des passiv-elastischen Elements
C_{sh}	Formparameter des Kraft-Längen-Relation des Hill-type-Modells
C_{short}	Formparameter der Muskelkontraktion des Hill-type-Modells
de	Dämpfungselement des Hill-type-Modells
dx	Differential der Funktion x
e	Differenz zwischen Soll- und Istwert
F_M	Muskelkraft
$F_{\_bi\_max}$	Maximale Biceps brachii-Muskelkraft
f_m	Vektor der Trägheitskräfte
$\hat{f}_m$	Geschätzter Vektor der Trägheitskräfte
f_c	Vektor der externen Kräfte des Reglers
F_{ce}	Kraft des kontraktilen Elements
F_{de}	Dämpfungskraft des Hill-type-Modells
F_l	Kraft-Längen-Relation des Hill-type-Modells
F_{lp}	Kraft-Längen-Relation des passiv-elastischen Elements des Hill-type-Modells
F_{M_max}	Maximale isometrische Muskelkraft
F_{PE}	Kraft des passiv-elastischen Elements des Hill-type-Modells
$F_{\_tr\_max}$	Maximale Triceps brachii-Muskelkraft
F_v	Kraft-Geschwindigkeit-Relation des Hill-type-Modells
g	Erdbeschleunigung mit 1 g = 9,81 m/s²
G	Schubmodul
I	Trägheitsmatrix
$\hat{I}$	Geschätzte Trägheitsmatrix
k	Kompressionsmodul
K	Steifigkeitsmatrix
K_p	Proportionale Rückführungsmatrix
$l_{0\,fib}$	Muskellänge in der Ruhelage
l_{ce}	Muskellänge
l_{opt}	Optimale Länge des Muskels

m_{act}	Aktivierungsparameter der λ-Regelung
u	Regelinputparameter
N_a	Muskelaktivierungslevel
P_0	Maximale isometrische Spannung im Muskel
P	Spannung im Muskel
$PCSA$	Physiological cross-sectional area
pe	Passiv-elastisches Element des Hill-type-Modells
PE_{max}	Wert der Überdehnung des Muskels
q_0	Parameter der Grundaktivierung des Muskels
R	Knotenkraftvektoren
s_l	Stimulation der λ-Regelung
t	Zeit
u	Knotenverschiebungsvektoren
v_{ce}	Muskelgeschwindigkeit
v_{max}	Maximale Deformationsgeschwindigkeit des Muskels
v_n	Normalisierte Deformationsgeschwindigkeit des Muskels
W	Formänderungsenergie
x	Position
$\hat{x}$	Geschätzte Position
$\dot{x}$	Geschwindigkeit
x_d	Sollposition
$\dot{x}_d$	Sollgeschwindigkeit
$\ddot{x}_d$	Sollbeschleunigung
y^*	Gleichgewichtspunkt
y	Zustand des Systems
$\dot{y}$	Zustandsänderung des Systems
y_i	Funktionswert an der Stelle i
y_{i+1}	Funktionswert an der Stelle i+1
y_{i-1}	Funktionswert an der Stelle i-1

Abkürzung	Bedeutung
CT	Computertomografie
EMG	Elektromyografie
EP	Equilibrium Point
EPH	Equilibrium Point Hypothesis
EU	Europäische Union
FAS	Fahrerassistenzsysteme
FDM	Finite-Differenzen-Methode
FE	Finite Elemente
FEM	Finite-Elemente-Methode
GHBMC	Global Human Body Models Consortium
HTE	Hill-type-Element
MC	Motion Capture
MKS	Mehrkörpersystem
MVC	Maximum voluntary contraction
PID	Regler mit proportionalem, integralem und differentialen Anteil
RGS	Reversibler Gurtstraffer
THUMS™	Total Human Body Model for Safety
TUC	THUMS User Community
VPS	Virtual Performance Solution
ZNS	Zentralnervensystem

1 Einleitung

1.1 Unfallstatistik

In den letzten Jahrzenten konnte die Schutzwirkung für Beteiligte im Straßenverkehr infolge des steigenden Verständnisses im Insassen- und Fußgängerschutz sowie der Innovationen von Fahrzeugsicherheitssystemen gesteigert werden. Die Zahl der im Straßenverkehr Getöteten und Schwerverletzten innerhalb der Europäischen Union konnte zwischen 2001 und 2015 um ca. 50 % reduziert werden (Jost und Allsop, 2014). Abbildung 1.1 zeigt die Entwicklung der im Straßenverkehr getöteten und verletzten Personen in der Bundesrepublik Deutschland. Die Zahl der im Straßenverkehr getöteten Personen konnte zwischen 1991 und 2014 von ca. 11.300 auf 3.400 reduziert werden. Die Zahl der verletzten Personen konnte innerhalb des Zeitraums 2000–2014 um 115.000 Personen reduziert werden. Mittelfristig arbeiten Fahrzeughersteller an dem EU-Ziel, die Zahl der Verkehrstoten aus dem Jahr 2010 bis zum Jahr 2020 zu halbieren (Europäische Kommission, 2011). Dieses Ziel wird von der deutschen Industrie unter anderem durch die Initiative der Berliner Erklärung zur Fahrzeugsicherheit unterstützt (Schindler, 2011).

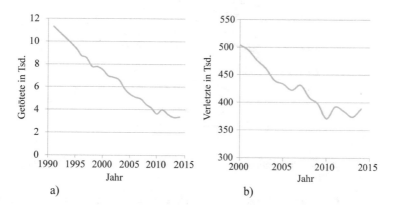

Abbildung 1.1: Entwicklung der im Straßenverkehr Getöteten a) und Verletzten b) in Deutschland (Statistisches Bundesamt, 2016)

1.2 Integrale Fahrzeugsicherheit

Die Einführung des Sicherheitsgurtes und des Airbags haben wesentlich zur Verbesserung der Fahrzeugsicherheit beigetragen. Auch die Verbesserung der Fahrgastzellen sowie des Deformationsverhaltens der Fahrzeuge hat die Fahrzeugsicherheit positiv beeinflusst. Bei diesen Systemen handelt es sich um passive Sicherheitsmaßnahmen in der Fahrzeugsicherheit, welche im Falle einer Kollision die Unfallfolgen minimieren sollen.

© Springer Fachmedien Wiesbaden GmbH 2018
E. Yigit, *Reaktives FE-Menschmodell im Insassenschutz*,
AutoUni – Schriftenreihe 114, https://doi.org/10.1007/978-3-658-21226-1_1

Eine immer wichtigere Rolle spielt die *Aktive Fahrzeugsicherheit*, die sich in Fahrzeugassistenz (Detektion des Fahrzeugs mittels Sensoren), Fahrerassistenz (Umfelderkennung) und vernetzte Assistenz (Kommunikation) unterteilen lässt (Gonter et al., 2013). Diese Systeme umfassen Maßnahmen, die anhand von Informationen den Fahrer warnen oder in kritischen Situationen in das Fahrgeschehen eingreifen, um einen Unfall zu vermeiden. Durch den technologischen Fortschritt bei der Sensortechnik werden die Möglichkeiten der Umfelderkennung weiter steigen und sowohl die Insassen als auch ungeschützte Verkehrsteilnehmer (z.B. Fußgänger und Radfahrer) werden umfassender geschützt. In der Vergangenheit wurden die *Aktive* als auch *Passive Fahrzeugsicherheit* weitestgehend unabhängig voneinander entwickelt. Weitere Möglichkeiten der Verbesserung der Fahrzeugsicherheit lassen sich durch die Integration der beiden Systeme zur sog. *Integralen Fahrzeugsicherheit* erzielen (Gonter et al., 2013).

Abbildung 1.2 zeigt schematisch das Potenzial der Integralen Fahrzeugsicherheit im Vergleich zu jenen bei der getrennten Betrachtung beider Ansätze.

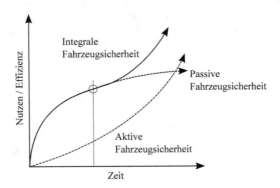

Abbildung 1.2: Potenzial der Integralen Fahrzeugsicherheit (Modell nach Gonter et al., 2013)

Die integralen Systeme der Fahrzeugsicherheit werden zukünftig eine genauere Adaptierung an den Insassen und die Fahrzeugumgebung ermöglichen, um einen bestmöglichen Schutz des Insassen und der ungeschützten Verkehrsteilnehmer zu gewährleisten. Zunehmend halten Fahrerassistenzsysteme Einzug in die Fahrzeuge, die unfallvermeidende bzw. unfallfolgenmindernde Fahrzeugmanöver, z.B. eine Notbremsung oder -lenkung, autonom auslösen können.

1.3 Virtuelle Menschmodelle in der Fahrzeugsicherheit

Virtuelle Menschmodelle (MM) sind Simulationstools zur digitalen Abbildung des Menschen in den unterschiedlichsten Anwendungen. Sie werden in Bereichen wie z.B. der Arbeitsplatzgestaltung, der klinischen Untersuchung, dem Komfort, der Bewegungsanalyse sowie der Analyse von Verletzungsmechanismen und -ursachen eingesetzt. Je nach Anwendungsbereich unterscheiden sich die Menschmodelle in ihrer Komplexität und der Art der

Modellierung. Unternehmen und wissenschaftliche Institute aus den Bereichen der Fahrzeugsicherheit, Sportwissenschaft, Ergonomie und Medizintechnik arbeiten an der Verbesserung der Abbildbarkeit des Menschen mit Hilfe dieser Modelle. Im Folgenden soll auf unterschiedliche Menschmodelle eingegangen werden, welche innerhalb der Fahrzeugsicherheitsauslegung eingesetzt werden. Diese unterscheiden sich grundsätzlich in zwei verschiedene Modellierungstypen. Zum einen gibt es Modelle, die auf Mehrkörpersystemen (MKS) basieren. Sie sind aufgebaut aus mehreren zusammengesetzten Starrkörpern aufgebaut, welche sehr vereinfachte Oberflächengeometrien wie Ebenen, Zylinder und Ellipsoide aufweisen (Hippmann, 2004). Wismans et al. (1979) stellten eines der ersten MKS-Menschmodelle (Kindermodell) vor, welches aus neun Starrkörpern und acht Gelenken bestand. Ein weit verbreitetes MKS-Menschmodell ist das MADYMO Modell, welches für Analysen im Insassen- sowie Fußgängerschutz eingesetzt wird. Das 50%-MADYMO-Menschmodell besteht aus 24 starren Wirbelkörpern und sieben flexiblen Körpern für den Thorax und den Extremitäten (Happee et al., 1998). Zum anderen gibt es Menschmodelle auf Finite-Elemente (FE)-Basis. Mit der hohen Rechenleistung heutiger Computer rücken komplexere Menschmodelle bei der Analyse von Insassenkinematik und Belastungen in den Vordergrund. Ebenso steigen die Anforderungen an die Modelle stetig, sodass immer genauere Modelle zur Vorhersage herangezogen werden müssen. Ob Menschmodelle auf FE- oder MKS-Basis eingesetzt werden, ist letztendlich vom Lastfall, der erforderlichen Vorhersagegüte sowie der gewünschten Rechenzeit abhängig. Steht ausschließlich die Kinematik des Modells im Vordergrund, werden bisher oft MKS-Modelle eingesetzt, da diese eine wesentlich geringere Rechenzeit aufweisen. Soll die Interaktion zwischen Menschmodell und Umgebung berücksichtigt oder die Spannungen und Dehnungen an Körperteilen und Weichgewebe untersucht werden, müssen Modelle auf FE-Basis eingesetzt werden. Diese Modelle bieten die Möglichkeit der geometrisch korrekten Abbildung von Knochen und inneren Organen sowie des Weichgewebes. Derzeit existieren mehrere FE-Menschmodelle wie z.B. das HUMOS-Modell (Robin, 2001; Vezin und Verriest, 2005), das Global Human Body Model Consortium (GHBMC) Model (Park et al., 2013; Combest, 2013) und das sog. Total Human Body Model for Safety (THUMS™) (Iwamoto et al., 2002), welches seit 1997 in Zusammenarbeit zwischen *Toyota Motor Corporation* (TMC) und *Toyota Central R & D Labs* kontinuierlich weiterentwickelt wird. Dieses Modell wurde in einer Vielzahl von veröffentlichten Studien eingesetzt, um Verletzungsmechanismen in Insassen- und Fußgängerschutzsimulationen zu ermitteln. Die Weiterentwicklung des THUMS Version 3 zur Version 4 ist abgeschlossen. THUMS v4 bildet zudem innere Organe ab und wurde auf Basis von CT-Scan-Daten modelliert (Shigeta, Kitagawa und Yasuki, 2009). Die aufgeführten FE-Menschmodelle sind passive Modelle und validiert für In-Crash-Lastfälle.

1.4 Abbildbarkeit der Insassenkinematik

Heutzutage werden vorwiegend anthropometrische Testpuppen (Dummys) für die Analyse von Belastungen und Kinematik in einem Crash verwendet. In derartigen Lastfällen ist der Einfluss individueller Muskelanspannung gering, da hohe Beschleunigungen (ca. -40 g) wirken, sodass die Kinematik hauptsächlich durch die Massenverteilung im Insassen bestimmt wird. Daher lassen sich trotz der vereinfachten Abbildung des Menschen durch Dummys valide Ergebnisse erzeugen. Passive, virtuelle Menschmodelle können zusätzlich eingesetzt werden, um detailliertere Analysen hinsichtlich Kinematik und Belastungen sowie insbesondere Verletzungsmechanismen durchzuführen.

Mit den zukünftigen, autonom wirkenden Sicherheitssystemen im Fahrzeug werden Brems- und Ausweichmanöver ein bis zwei Sekunden vor dem möglichen Crash eingeleitet, die Beschleunigungen bis zu -1 g aufweisen. Diese Manöver haben entsprechende Insassenbewegungen zur Folge, die wiederum die Insassenposition relativ zum Sitz und zum Innenraum sowie vor allem zu den Rückhaltesystemen beeinflussen (Schöneburg, 2008).

Die passiven Sicherheitsmaßnahmen sind daher unter Umständen auf eine veränderte Insassenposition abzustimmen bzw. adaptiv auszuführen, um das volle Potenzial der Pre-Crash-Systeme auszuschöpfen und den stetig steigenden Anforderungen an die Fahrzeugsicherheit gerecht zu werden. Um das Gesamtsystem bezogen auf die Insassensicherheit optimal auslegen zu können, ist folglich die Kenntnis der Bewegungskinematik von Insassen infolge der aktiv eingreifenden Fahrerassistenzsysteme (Brems- und Ausweichmanöver) erforderlich (Schöneburg, Baumann und Fehring, 2011).

Dummys wurden für die mehrmalige Verwendung für Beschleunigungen bei Crashlastfällen konzipiert, sind daher robust ausgelegt und weisen wegen ihrer hohen Steifigkeit eine unzureichende Biofidelität für die Anwendung bei geringen Beschleunigungen (ca. -1 g) auf (Huber et al., 2013b). Abbildung 1.3 zeigt das FE-Modell eines HIII 50%-Crashtest-Dummys und dessen innere Struktur, welche analog zum realen Dummy aufgebaut ist. Diese numerischen Simulationsmodelle können zur Abbildung der Bewegungskinematik unter Einwirkung geringer Beschleunigungen ebenfalls nur bedingt eingesetzt werden (Meijer et al., 2012; Huber et al., 2013b).

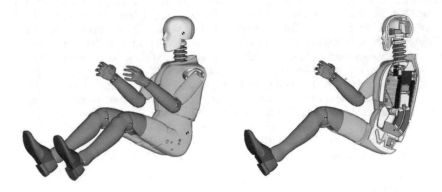

Abbildung 1.3: FE-Modell eines HIII 50%-Dummys (Yigit et al., 2014b)

Studien zur Analyse von Insassenreaktionen und -bewegungen mit Freiwilligen zeigen, dass auch bei Lastfällen mit geringer Beschleunigung eine Erhöhung der Muskelaktivität einsetzt (Choi et al., 2005; Ito et al., 2013). Je nach Art des Fahrmanövers lassen sich signifikante Unterschiede in der Muskelaktivität messen. Hinzu kommt die Änderung der Insassenbewegung bei unterschiedlichen Aufmerksamkeits- und Erwartungszuständen (Ejima et al., 2007, 2009; Beeman et al., 2011). Studien von Muggenthaler et al. (2005), Beeman et al. (2011), van Rooij et al. (2013), Huber et al. (2013a); Kirschbichler et al. (2014) konnten zudem den Einfluss der Aufmerksamkeit (überrascht, antizipierend) auf die Insassenkinematik aufzeigen. Des Weiteren konnte in Studien gezeigt werden, dass die Aufmerksamkeit und die dadurch veränderte Körperhaltung der Insassen einen Einfluss auf das Verletzungsrisiko haben (Sturzenegger et al., 1994). Olafsdóttir et al. (2013) zeigten, dass das Aktivieren des reversiblen Gurtstraffers (RGS) eine muskuläre Anspannung bei Probanden hervorrufen kann.

Eine Berücksichtigung der Pre-Crash-Phase erfordert die Simulation der Insassenkinematik infolge autonom eingreifender Fahrerassistenzsysteme (FAS). Dies erfordert neben der korrekten Abbildung der Anatomie insbesondere die Simulation menschlicher Bewegungen und Anspannzustände, welche sowohl mit den Dummys als auch den verfügbaren passiven Menschmodellen nicht darstellbar sind (Bensler et al., 2014; Yigit et al., 2014b).

1.5 Zielsetzung der Arbeit

Virtuelle Menschmodelle werden ständig weiterentwickelt, um genauere Aussagen über die Verletzungsmechanismen und -ursachen bei verschiedenen Crashszenarien treffen zu können. Diese Modelle sind passiv, d.h. sie bieten keine Funktionalität der muskulären Anspannung, da diese bei Hochbeschleunigungslastfällen kaum einen Einfluss auf die Kinematik aufweist und daher unberücksichtigt bleibt. Bei den geringen Beschleunigungen innerhalb der Pre-Crash-Phase muss jedoch die muskuläre Anspannung mitberücksichtigt werden, da es hier zu muskulären Reaktionen/Anspannungen der Insassen kommen kann, welche die Insassenkinematik wesentlich beeinflussen. Erste einfache reaktive Menschmodelle, sowohl auf FE- als auch auf MKS-Basis, die zunächst vor allem in Fahrzeuglängsrichtung einwirkende Beschleunigungen berücksichtigen, sind bereits heute vereinzelt vorhanden bzw. befinden sich aktuell in der Entwicklung. Insbesondere die Simulation einer Kombination aus Bremsen und Ausweichen und der anschließenden Crash-Phase stellt jedoch noch eine große Herausforderung für reaktive Menschmodelle dar. Nur mit Hilfe eines geeigneten Simulationstools kann eine Optimierung des Gesamtsystems in Bezug auf die Insassenbelastung unter Berücksichtigung aller in der Pre-Crash-Phase relevanten Randbedingungen durchgeführt werden.

Die Zielsetzung dieser Arbeit liegt im Aufbau und der Validierung eines reaktiven FE-Menschmodells für die Simulation der Insassenkinematik des Beifahrers in der Pre-Crash-Phase. Dazu ist die Erweiterung des im Original lediglich passiven THUMS-Menschmodells zu einem reaktiven Modell notwendig, welches die Muskelaktivität im erforderlichen Maß simulieren kann.

Im ersten Schritt wird die Parametersensitivität des Hill-type-Muskelmodells mittels Armbeugesimulationen untersucht. Es lässt sich aus der Literatur zeigen, dass viele Theorien der Aktivierung der Muskelmodelle auf klassischen Regelalgorithmen beruhen. Der in dieser Arbeit verfolgte Ansatz zur Muskelaktivierung (λ-Regelung) basiert auf der physiologischen Theorie der Equilibrium-Point-Hypothese. Die Theorie beschreibt den Zusammenhang der motorischen Bewegungssteuerung und der Regelung von Gleichgewichtspositionen. In einer Untersuchung mittels Armbeugesimulationen wird auf den Einfluss der Regelparameter auf die Armkinematik eingegangen. Es wird aufgezeigt, dass die Kopplung des FE-Armmodells mit dem λ-Regelalgorithmus die Position bei unterschiedlichen Lasten in der Ursprunglage hält. Anschließend wird gezeigt, dass mit Hilfe des Regelansatzes Bewegungen induziert werden können, die ausschließlich infolge einer Muskelaktivität erfolgen. Die Validierung des Armmodells basiert auf Probandenversuchen.

Im nächsten Schritt wird gezeigt, welche Kinematik passive Mensch- und Dummymodelle bei Notbremssimulationen aufweisen. Darauffolgend wird das virtuelle Menschmodelle mit Hill-type-Muskelelementen versehen, welche die wesentlichen Muskeln repräsentieren. Mit unterschiedlichen Aktivierungstypen wird aufgezeigt, welche Bewegungen sich abbilden lassen, wenn die vorgegebenen Aktivierungskurven sich zeitlich und im Verlauf unterscheiden. Als Validierungsbasis dienen Probandendaten aus Notbremsfahrmanövern, bei denen Bewegungstrajektorien von Probanden mittels Motion Capture System ermittelt wurden. Im nächsten Schritt werden Simulationen mit dem reaktiven Menschmodell gezeigt, welches eine Kopplung der Hill-type-Elemente mit dem λ-Regelalgorithmus aufweist. Im letzten Schritt wird das reaktive Menschmodell in einem Fahrzeugmodell der Kompaktklasse eingesetzt und zur Untersuchung des Einflusses einer Straffung mit dem reversiblen Gurtstraffer herangezogen.

2 Grundlagen

2.1 Diskretisierungsverfahren

Eine Vielzahl technischer Systeme und physikalischer Prozesse wie die Wärmeleitung, die Deformation oder das Versagen von Bauteilen unter externen Belastungen, aber auch Strömungen von Fluiden sowie elektrische und magnetische Felder lassen sich durch gewöhnliche und partielle Differentialgleichungen bzw. Integralgleichungen beschreiben (Jung und Langer, 2013). Nur in wenigen Fällen lassen sich diese Gleichungen, d.h. die Bestimmung der unbekannten Größen wie Temperatur, Verschiebung, Geschwindigkeit oder elektrisches sowie magnetisches Feld, analytisch lösen. Daher ist es nötig, Computer für die Berechnung einzusetzen und hierfür die kontinuierlichen Feldprobleme (Differential-, Integralgleichung) in endlichdimensionale Ersatzprobleme umzuwandeln (Jung und Langer, 2013). Diese Umwandlung wird Diskretisierungsprozess genannt. Gängige Diskretisierungsverfahren sind unter anderem die Finite-Differenzen-Methode (FDM) und die Finite-Elemente-Methode (FEM).

2.1.1 Finite-Differenzen- Methode

Das Ziel der *Finite-Differenzen-Methode* ist, die grundlegenden Differentialgleichungen in lösbare algebraische Gleichungen umzuwandeln. Dabei müssen die Differentiale dieser Gleichungen durch geeignete Differenzenausdrücke ersetzt werden. Grundlegend wird die Überführung der Differentiale in die *Finiten Differenzen* über die Taylor-Reihe aus zwei benachbarten Punkten einer Funktion durchgeführt. Für die Herleitung sei auf Martin (2011) verwiesen.

Die *Finite-Differenzen-Methode* lässt sich in die *Vorwärts-, Rückwärts-* und *Zentraldifferenzen-Methoden* einteilen. Bei der Vorwärtsdifferenz handelt es sich um eine explizite Lösungsmethode, während die Rückwärtsdifferenz eine implizite Methode darstellt.

Gegeben sei eine gewöhnliche Differentialgleichung erster Ordnung mit den Differenzialen dy und dx und der Funktion $f(x,y)$,

$$\frac{dy}{dx} = f(x,y) \tag{2.1}$$

mit den Randbedingungen $y = y_0$ bei $x = x_0$.

Aus der Vorwärtsdifferenz folgt

$$\frac{y_{i+1} - y_i}{\Delta x} = f(x_i, y_i) \tag{2.2}$$

bzw.

$$y_{i+1} = y_i + \Delta x \, f(x_i, y_i) \tag{2.3}$$

mit dem Funktionswert beim aktuellen Gitterpunkt y_i und beim nächsten Gitterpunkt y_{i+1} und der Schrittweite Δx. Der Wert y_{i+1} kann also direkt aus x_i und y_i berechnet werden.

© Springer Fachmedien Wiesbaden GmbH 2018
E. Yigit, *Reaktives FE-Menschmodell im Insassenschutz*,
AutoUni – Schriftenreihe 114, https://doi.org/10.1007/978-3-658-21226-1_2

Die numerische Lösung kann folglich mit den Anfangswerten x_0 und y_0 starten und über den gesamten Bereich der x-Werte fortschreiten, bis der gesamte Bereich von x erfasst ist (Martin, 2011).

Aus der Rückwärtsdifferenz ergibt sich

$$\frac{y_i - y_{i-1}}{\Delta x} = f(x_i, y_i) \tag{2.4}$$

bzw.

$$y_i - \Delta x \, f(x_i, y_i) = y_{i-1} \tag{2.5}$$

Der Wert y_{i-1} ist dabei entweder aus der Randbedingung oder aus dem vorangegangenen Schritt bekannt. Der gesuchte Wert y_i ist dagegen nur implizit bestimmbar.

Das explizite Verfahren ist einfacher zu lösen, jedoch kann es bei zu großen Schrittweiten Δx zu Instabilitäten und zu Schwingungen kommen. Kleine Schrittweiten erhöhen die Stabilität, gehen jedoch mit einer höheren Rechenzeit einher.

Eine Erhöhung der Genauigkeit lässt sich über die Zentraldifferenzen erreichen,

$$\frac{y_{i+1} - y_{i-1}}{2\Delta x} = f(x_i, y_i) \tag{2.6}$$

2.1.2   Finite-Elemente-Methode

Die FEM ist eines der meist verwendeten Diskretisierungsverfahren. Der Vorteil dieser Methode liegt in ihrer Anwendbarkeit bei linearen und nichtlinearen Problemstellungen in beliebig beschränkten Gebieten. Klassische Einsatzgebiete der FEM sind unter anderem die Automobilindustrie sowie der Maschinen- und Flugzeugbau. Computersimulationen auf Basis der FEM gehören heutzutage zu den Standardtools bei der Untersuchung komplexer Vorgänge. Viele klassische Wissenschaftszweige führen vermehrt Simulationen durch, sodass sich neue Zweige aus einer Kombination aus „Computational" und den klassischen Bereichen gebildet haben, z.B. Computational Biology, Computational Chemistry, Computational Finance, Computational Medicine oder auch Computational Mechanics (Jung und Langer, 2013).

Bei der Finite-Elemente-Methode wird ein Teilgebiet in diskrete Untermengen eines Grundgebiets aufgeteilt und darin gelöst. Die Untermenge wird in sogenannte Finite Elemente zerlegt, hierbei spricht man von der Vernetzung. Die Elemente bestehen aus Knoten. Auf den Elementen werden Näherungsfunktionen eingeführt, welche die unbekannten Knotengrößen als Parameter enthalten. Die lokalen Näherungen werden in die schwache Formulierung eingeführt, sodass sich Elementintegrale bilden. Diese werden mittels numerischer Integration wie beispielsweise der Gauß-Quadratur berechnet.

Die Berechnung mittels FEM lässt sich mittels zweier unterschiedlicher Methoden durchführen, der Kraft- bzw. der Verschiebungsmethode. Die Kraftmethode (statische Methode) beruht auf der direkten Ermittlung der statisch unbestimmten Kräfte. Die Verschiebungsmethode (kinematische Methode) betrachtet die Verschiebungen als unbekannte Größe. Ein Vorteil der Verschiebungsmethode liegt in der vielseitigeren Anwendbarkeit. So muss bei ihrer Anwendung nicht zwischen statisch bestimmten und statisch unbestimmten Problemen unterschieden werden (Merkel und Öchsner, 2015).

Für mechanische Untersuchungen mit der FEM werden häufig die Verschiebungsmethode, die isoparametrische Formulierung sowie die Gauß-Quadratur zur numerischen Integration eingesetzt. Die Kontinuumsmechanik ist die Grundlage zur Beschreibung von Verschiebungen, Verformungen und Dehnungen. Die FEM greift auf diese Theorien zurück. Im Folgenden soll auf die wichtigsten Prinzipien der FEM eingegangen werden. Zur näheren Erläuterung der FEM sei auf Bathe (1996) verwiesen.

Verschiebungsmethode

Bei der Verschiebungsmethode handelt es sich um das am häufigsten angewandte Prinzip der linearen Theorie der FEM. Die Methode findet ebenfalls in der nichtlinearen FEM Anwendung. Die Verschiebungsmethode umfasst alle Verfahren, die als unbekannte Variable die Verschiebung einzelner Knoten beinhalten. Um das Gesamtmodell beschreiben zu können, bedarf es zunächst der Definition der Übergangs- und Randbedingungen. Die Systemgleichung der Gesamtstruktur lässt sich mittels Näherungsverfahren zu folgendem Gleichungssystem darstellen,

$$[K]\{u\} = \{R\} \tag{2.7}$$

mit der Steifigkeitsmatrix $[K]$, den Knotenverschiebungsvektoren $\{u\}$ sowie den Knotenkraftvektoren $\{R\}$. Bei linearen Problemen ist $[K]$ konstant und regulär. Daraus ergibt sich nach der Bildung der Inversen von $[K]$ für $\{u\}$

$$\{u\} = [K]^{-1}\{R\} \tag{2.8}$$

Lineare Steifigkeitseigenschaften können jedoch in der Regel nur bei geringen Verschiebungen angenommen werden. Allgemein ist von nichtlinearen Steifigkeitseigenschaften auszugehen, womit das zu lösende Gleichungssystem zu

$$[K(u)]\{u\} = \{R(u)\} \tag{2.9}$$

wird. Bei nichtlinearen Steifigkeitseigenschaften ist die Steifigkeitsmatrix von den Knotenverschiebungen abhängig. Auch der Kraftvektor kann von der aktuellen Verschiebung abhängen.

Berücksichtigung von Nichtlinearitäten

Im Maschinenbau treten häufig Problemstellungen auf, welche nur mittels nichtlinearer Berechnungen gelöst werden können. Hierzu zählen unter anderem die Untersuchung des Tragverhaltens von Gummilagern bei großen elastischen Verformungen sowie die Simulation von Crashproblemen im Fahrzeugbau (Wriggers, 2008). Im Bereich der Insassensimulation beispielsweise sind Nichtlinearitäten infolge großer Verformung und nichtlinearem Materialverhalten z.B. von Weichgewebe vorzufinden.

Lösungsmethoden müssen auf den Typ von Nichtlinearitäten angepasst werden. Grob lassen sich die Nichtlinearitäten in geometrische Nichtlinearitäten, große Deformationen, physikalische Nichtlinearitäten, Stabilitätsprobleme, Nichtlinearitäten infolge von Randbedingungen sowie gekoppelte Systeme unterteilen (Wriggers, 2008).

Prinzip der virtuellen Arbeit

Das Prinzip der virtuellen Arbeit wird zur Herleitung von FE-Gleichungen genutzt und basiert auf dem Prinzip der virtuellen Verschiebungen. Dieses besagt, dass „für virtuelle Verschiebungen, die auf einen im Gleichgewicht befindlichen Körper einwirken, die gesamte innere virtuelle Arbeit gleich der gesamten äußeren virtuellen Arbeit ist" (Josef, 2004). Bei der Betrachtung der virtuellen Verrückung wird angenommen, dass sich die auf einen Körper aufgebrachten Lasten und Raumkräfte im Gleichgewicht befinden und ein virtueller Verschiebungszustand angenommen wird, der mittels der virtuellen Verschiebungskomponenten δu, δv und δw beschrieben wird. Eine Voraussetzung ist dabei die kinematische Verträglichkeit der virtuellen Verschiebungen, d.h. es muss sich um stetige Funktionen räumlicher Koordinaten handeln und die Randbedingungen müssen erfüllt sein.

Bei elastischen Körpern besagt das Prinzip der virtuellen Verschiebung, dass

$$\delta A_a = \delta A_i \tag{2.10}$$

somit bei einem sich im Gleichgewicht befindlichen Körper, welcher eine virtuelle Verschiebung erfährt, die Arbeit der äußeren Kräfte A_a gleich der Arbeit der inneren Kräfte A_i ist.

Die Variation der inneren Arbeit ist gleich der Variation der Formänderungsenergie δW

$$\delta A_i = \delta W \tag{2.11}$$

und folgt mit

$$\delta A_a = \delta W \tag{2.12}$$

zu

$$\delta W - \delta A_a = \delta(W - A_a) = \delta\Pi = 0 \tag{2.13}$$

mit der Formänderungsenergie W und der Variation des elastischen Potentials $\delta\Pi$.

Aus den bekannten Beziehungen zwischen Verzerrungen und Spannungen können dann aus den Gleichgewichtsbedingungen die gesuchten Gleichungen hergeleitet werden, die je nach Ansatz exakt oder näherungsweise gelöst werden können (Josef, 2004).

2.2   Muskelphysiologie

Der menschliche Körper weist drei unterschiedliche Arten von Muskeln auf. Es wird zwischen Skelettmuskeln, glatten Muskeln und dem Herzmuskel unterschieden (Rüdel und Brinkmeier, 2006). Menschliche Organe (z.B. Magen, Darm) fallen in die Kategorie der glatten Muskeln, die neben dem Herzmuskel autonom arbeiten und nicht der bewussten Kontrolle unterliegen (Keidel und Bartels, 1985).

Der menschliche Körper besteht aus über 400 Skelettmuskeln, die etwa 40 % der Körpermasse ausmachen (Rüdel und Brinkmeier, 2006). Diese sind über Sehnen mit den Knochen verbunden. Die Anbindungspunkte der Sehnen werden *Ursprung* oder *Ansatz* genannt. Infolge einer Muskelkontraktion und der Kraftübertragung an die Anbindungspunkte wird der Körper bewegt und Arbeit verrichtet. Die zellulären Grundeinheiten eines Muskels sind zylinderförmige Muskelfasern. Diese bestehen aus einer Vielzahl von Fibrillen mit ca. 1 μm Durchmesser. Die Myofibrillen verlaufen über die gesamte Faserlänge und sind die kontraktilen Bausteine der Faser. Muskeln können sich aktiv nur zusammenziehen (kontrahieren) (Rüdel und Brinkmeier, 2006). Eine aktive Streckung ist nicht möglich. Für die Bewegung von Körperteilen in unterschiedliche Richtungen sind somit immer mehrere Muskeln notwendig. Die Grundlage für Bewegungen ist das Zusammenspiel mehrerer Muskeln, deren Aktivierungsdosierung über das Zentralnervensystem (ZNS) gesteuert wird. Unterschiedliche Muskeln, die miteinander und gleichgerichtet arbeiten, nennt man Synergisten. Diejenigen, die dem betrachteten Muskel (Agonist) entgegengerichtet arbeiten, nennt man Antagonisten. Viele Skelettmuskeln überspannen mehr als ein Gelenk. Abhängig von dem Freiheitsgrad des Gelenks können durch die Aktivierung entsprechender Muskeln unterschiedliche Bewegungen eingeleitet werden. Das ZNS steuert diese Aufgabe, indem es die unerwünschten Bewegungen durch die Aktivierung von entsprechenden Antagonisten unterbindet (Rüdel und Brinkmeier, 2006). Zur Durchführung dieser Aufgabe erhält das ZNS Informationen über Kräfte, Gelenkstellungen und Bewegungsabläufe. So besitzt der Körper Rezeptoren zur Erfassung chemischer und physikalischer Reize. Die sog. Muskelspindeln erfassen den Dehnungszustand eines Muskels (Loeb und Ghez, 2000; Rüdel und Brinkmeier, 2006). Beim Übergang vom Muskel zur Sehne befindet sich das Golgi-Sehnenorgan, welches die Spannung in der Sehne erfasst. Das Signal zur Muskelkontraktion erfolgt über motorische Nerven (Motoneuron), die sich von Gehirn und Rückenmark zu allen Skelettmuskeln ziehen. Das Motoneuron mit aller von diesem innervierten Muskelfasern wird *Motorische Einheit* genannt. Zur Krafterzeugung bedient sich das ZNS zweier Mechanismen. Zum einen kann eine Steigerung der Aktionspotentialrate der Motoneuronen realisiert und zum anderen können unterschiedlich viele motorische Einheiten *rekrutiert* werden. Soll die Kraft im Muskel gesteigert werden, kann das ZNS mehrere Einheiten abrufen. Zunächst werden die kleineren Einheiten aktiviert und je nach Bedarf die größeren nachträglich hinzugeschaltet (Rüdel und Brinkmeier, 2006).

2.2.1 Aufbau der Muskelfaser

Muskelfasern bestehen aus Bündeln von Myofibrillen, welche die kontraktilen Bausteine einer Faser bilden (Rüdel und Brinkmeier, 2006). Diese bestehen aus einer hintereinandergeschalteten Anordnung von Sarkomeren, welche als die kleinsten funktionellen Einheiten des Muskels gelten. Abbildung 2.1 zeigt den schematischen Aufbau eines Skelettmuskels von der Muskelfaser bis zur kleinsten Einheit. Sarkomere bestehen abwechselnd aus Bündeln von Aktin- und Myosinfilamenten, die bei Längenänderung relativ zueinander abgleiten. Die Länge der Filamente ist dabei konstant. Eine Längenänderung in dem Sarkomer wird an die Faser und somit an den Muskel übertragen (Keidel und Bartels, 1985; Loeb und

Ghez, 2000). Einen wesentlichen Beitrag zum Verständnis der Muskelkontraktion lieferte
A.F. Huxley in den Arbeiten zur Gleitfilamenttheorie (Huxley, 1974).

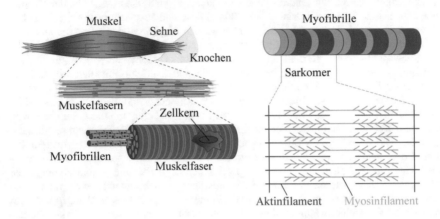

Abbildung 2.1: Aufbau des Skelettmuskels (Modell nach Bloom und Fawcett, 1986)

2.2.2 Muskelkontraktion

Der Muskel kontrahiert infolge eines elektrischen Impulses, dem sog. Aktionspotential, das
sich über die Faseroberfläche in das Faserinnere bewegt und den Kalziumkanal aktiviert.
Es kommt zu einer Freisetzung von Kalzium-Ionen, die in die kontraktilen Filamente dif-
fundieren und die Blockade des Querbrückenzyklus aufheben. Somit kommt es zu einer
Anbindung zwischen Myosin und Aktin. Darauffolgend werden die Verspannungen des
Myosins in mechanische Energie umgewandelt. Es kommt zur Kraftentwicklung in Rich-
tung der Sarkomermitte. Im letzten Schritt löst sich das Myosin vom Aktin und beide be-
finden sich wieder im Ausgangszustand. Der Prozess, der die elektrische Erregung mit der
Kontraktion des Muskels beschreibt, wird elektromechanische Kopplung genannt. Die Kal-
zium-Ionen wirken als Botenstoffe und beeinflussen Proteine auf den Filamenten. Die
Krafterzeugung besteht aus den wiederkehrenden Verbindungen der Myosinköpfe mit den
Aktinfilamenten (Rüdel und Brinkmeier, 2006). Die Kraftantwort des Muskels ist zeitlich
gesehen deutlich länger als die Erregung. Kommt es dabei zu einer höheren Frequenz der
Erregung, summieren sich die Kraftantworten. Bei ausreichend hoher Reizfrequenz, dem
sog. glatten Tetanus, kann die maximale Kraft im Muskel erzeugt werden.

2.2.3 Kontraktionsarten

Es ergeben sich unterschiedliche Kontraktionsarten, die abhängig von der Längenänderung
des Muskels und der Lastrichtung sind. Bei der isometrischen Kontraktion wird im Muskel
eine Kraft erzeugt, ohne dass sich die Länge des Muskels ändert, z.B. beim Halten eines
Gewichts. Bei einer isotonischen Kontraktion wird der Muskel bei gleichzeitiger Krafter-

zeugung verkürzt, z.B. beim Anheben eines Gewichts. Idealisiert betrachtet, z.B. unter Annahme einer konstanten Last, wirkt beim Anheben eine konstante Spannung im Muskel. Diese Form ist in der Realität kaum zu finden, da sich bei der Änderung der Gelenkstellung der Hebelarm und somit das Moment ändern (Rüdel und Brinkmeier, 2006). Die häufigste Kontraktionsarbeit ist die auxotonische Kontraktion, welche eine Kombination aus isotonischer und isometrischer Kontraktion, also einer Längen- und Spannungsänderung, darstellt. Des Weiteren wird zwischen konzentrischer und exzentrischer Kontraktion unterschieden. Von einer konzentrischen Kontraktion ist die Rede, wenn der Muskel verkürzt wird und die Überwindung eines Widerstands (überwindend), wie z.B. das Anheben eines Gewichts, erfolgt. Bei der exzentrischen Kontraktion verlängert sich der Muskel, während ein Widerstand abgebremst (nachgebend), jedoch nicht gehalten wird.

Wie erwähnt, kommt es bei den meisten Bewegungen zur Kontraktion verschiedener Muskeln. Die gleichzeitige Kontraktion antagonistischer Muskelgruppen wird als Kokontraktion bezeichnet (Cabri, Elvey und Gosselink, 2011). Sie dient der Stabilisierung von Extremitäten um ein Gelenk und verhindert ungewollte Bewegungen. Prinzipiell kann das ZNS die Steifigkeit an einem Gelenk über die Kokontraktion beeinflussen (Hogan, 1984).

2.3 Muskelcharakteristik

Die Eigenschaften des Muskels lassen sich mittels Experimenten an isolierten Muskeln oder Fasern aufzeigen. Das passive Dehnungsverhalten des Muskels wird mittels Zugversuchen ausgehend von der Ruhelänge $l_{o\,fib}$ ermittelt. Bei kleinen Dehnungen zeigen sich keine signifikanten Kräfte. Der Verlauf wird mittels einer nichtlinearen Kraft-Dehnungscharakteristik beschrieben. Der Muskel kann sich dabei um bis zu 60 % (bezogen auf seine Ruhelänge) dehnen, ohne Risse zu zeigen. Der Dehnungswiderstand ergibt sich aus der Eigenschaft elastischer und kollagener Fasern im Muskel, die miteinander an der Vernetzung der Muskelfasern beteiligt sind.

Zur Untersuchung der aktiven Krafterzeugung des Muskels wird dieser mit einem glatten Tetanus angeregt; dabei wird die isometrische Kraft gemessen. Es werden unterschiedliche Längen vorgegeben, diese liegen im Bereich des 0,6–1,6-Fachen von $l_{o\,fib}$. Bei einem stark verkürzten Muskel ist eine Krafterzeugung kaum sichtbar. Wird der Muskel gedehnt, zeigt sich hingegen eine Erhöhung der Kraft, die annähernd bei der Ruhelänge ein Kraftmaximum annimmt (Rüdel und Brinkmeier, 2006). Kommt es zu einer weiteren Dehnung des Muskels fällt die Kraft wieder ab. Die relevante Kraft-Längen-Relation zur aktiven Krafterzeugung besitzt eine parabolische Charakteristik mit einem Kraftmaximum in der Nähe der Ruhelänge. Da die Faserlänge proportional zur Muskellänge ist, lässt sich das Verhalten mittels der Betrachtung der Querbrückenverbindungen erklären.

Die Myofibrillen bestehen aus einer Reihenschaltung einzelner Sarkomere. Die Kraft-Längen-Relation dieser gilt somit auch für die Fasern (Gordon, Huxley und Julian, 1966). Bei starker Dehnung des Sarkomers befinden sich die Aktin- und Myosinfilamente weiter voneinander entfernt, es besteht kein überlappender Bereich (Rüdel und Brinkmeier, 2006). Eine Verbindung zwischen Myosinköpfen und Aktinfilamenten ist nicht gegeben und somit ist keine Kraftentwicklung möglich. Befindet sich das Sarkomer in der Ruhelänge, besteht ein größtmöglicher Überlappungsgrad der Filamente und alle vorhandenen Querbrücken können geschlagen werden, welche wiederum zu einer maximalen Krafterzeugung führt. Verkürzt sich das Sarkomer, überlappen sich die linken und rechten Aktinfilamente und behindern den Querbrückenzyklus (Loeb und Ghez, 2000).

Neben der Kraft-Längen-Relation des aktivierten Muskels gibt es einen Zusammenhang zwischen der Geschwindigkeit bei isotonischer Belastung und der Krafterzeugung (Rüdel und Brinkmeier, 2006; Hill, 1938). Die Kontraktionsgeschwindigkeit eines Muskels steht im Zusammenhang mit der Last. Je höher die Zusatzmasse ist, desto langsamer kontrahiert er. Der Zusammenhang resultiert in einer Kraft-Geschwindigkeit-Relation mit hyperbolischem Verlauf. Bei einer Kontraktionsgeschwindigkeit von null wird die maximale isometrische Kraft erzeugt. Wirkt eine Last, die größer als die maximale Kraft des Muskels ist, dehnt sich der Muskel bei gleichzeitiger Aktivierung.

Die Kraft-Geschwindigkeit-Beziehung lässt sich anhand der geometrischen Anordnung der Myosinköpfe erklären. Abbildung 2.2 zeigt das Abgleiten der Filamente zueinander bei Dehnung und Stauchung.

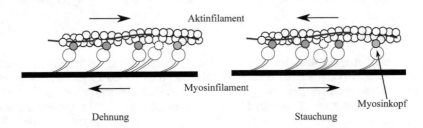

Abbildung 2.2: Abgleiten der Aktin- und Myosinfilamente bei Dehnung und Stauchung (Modell nach Loeb und Ghez, 2000)

Im Fall der Dehnung kommt es, bedingt durch die Winkelstellung der Myosinköpfe, zu einer länger andauernden Verbindung zwischen Aktin und Myosin, da sich die Köpfe in die Länge ziehen. Dies führt dazu, dass weniger neue Querbrückenverbindungen geschlagen werden müssen. Im Fall der Stauchung verhält es sich anders. Die Myosinköpfe zeigen hierbei ein faltendes Verhalten, womit die Querbrückenverbindungen schneller gelöst werden. Dabei kommt es zur häufigen Lösung und Schlagung von Querbrückenverbindungen, welche folglich zu Krafteinbußen führt (Loeb und Ghez, 2000).

2.4 Motorische Steuerung

Das Nervensystem ist für die Anpassung und Regulation des Organismus an die äußeren und körperinneren Bedingungen verantwortlich. Zur Steuerung der Bewegungsabläufe spielt das Zentralnervensystem (ZNS) eine wesentliche Rolle. Informationen des peripheren Nervensystems (PNS) werden dort gesammelt und verarbeitet. Daraus werden Pläne wie z.B. der Bewegungsablauf generiert. Das ZNS umfasst das Gehirn und das Rückenmark.

Motorische Nervenfasern, sog. efferente Fasern, leiten Signale an den Muskel weiter, während sensorische Nervenfasern zum afferenten Teil des Nervensystems zählen, welche Informationen vom Körper zurück an das ZNS senden (Marieb und Hoehn, 2007).

Hierzu gehören die bereits erwähnten Sensoren wie die Muskelspindeln sowie die Golgi-Sehnenorgane. Muskelspindeln detektieren die Längenänderungen sowie Kontraktionsraten im Muskel. Kommt es zu einer ungewollten Dehnung des Muskels, wird die Aktivität in den Muskelspindeln erhöht. Die Golgi-Sehnenorgane nehmen die Spannung im Muskel wahr und erkennen Abweichungen zwischen Ist- und Sollzustand. Eine Korrektur erfolgt über das ZNS. Die motorische Steuerung folgt dem Prinzip einer Regelung (Marieb und Hoehn, 2007).

Neben den im Muskel befindlichen Sensoren erhält das ZNS auch Informationen aus dem Gleichgewichtssinn und der visuellen Wahrnehmung zur Koordination von Bewegungen. Generell werden zur Bewegungssteuerung mehrere Muskeln berücksichtigt. Das System aus Muskeln und Gelenken ist meist überbestimmt (Latash, 2012). Die motorische Steuerung des Menschen ist ein sehr lernfähiges und anpassungsfähiges System. Blouin et al. (2003) konnten bei simulierten Heckaufprallversuchen zeigen, dass die Muskelaktivität der Probanden bei wiederholter Versuchsdurchführung abnahm. Es wurde damit begründet, dass das ZNS eine Adaption vornahm, um wichtige Körperbereiche zu schützen und dafür stärkere Relativbewegungen in Kauf nimmt. Anderseits ist dies auch damit zu erklären, dass der Proband durch ein erhöhtes Sicherheitsempfinden bei den Wiederholungen eine geringere Körperanspannung aufwies.

2.5 Muskelaktivitätsmessungen

Die sog. Elektromyografie (EMG) bezeichnet eine Methode zur elektrophysiologischen Messung der Muskelaktivität. Kontrahiert ein Muskel, ist darin eine erhöhte Spannung messbar. Bei der Messung der Muskelaktivität wird zwischen zwei Techniken unterschieden. Bei der invasiven EMG-Messung werden meist Nadelelektroden verwendet, die in den Muskel eingeführt werden. Bei der nichtinvasiven Technik werden Oberflächenelektroden verwendet, die auf der Haut angebracht werden. Den beiden Methoden ist gemein, dass sie Potentialänderungen messen. Daraus lassen sich Spannungen und daraus Muskelaktivitäten ableiten. Nadelelektroden kommen vorwiegend bei klinischen Messungen zum Einsatz, bei denen geringe bzw. keine Muskelbewegungen durchgeführt werden und somit die relative Position der Nadel zur Muskelfaser nicht verändert wird. Mit Oberflächenelektroden lässt sich lediglich eine reduzierte räumliche Auflösung des EMG-Signals darstellen. Es können nur viele gleichzeitig aktive Summenpotentiale erfasst werden (Basmajian und De Luca, 1985; Merletti et al., 1989). Damit lassen sich nur globale Muskelaktivierungen messen. Dies bietet jedoch den Vorteil, auch bei dynamischen Versuchen eingesetzt werden zu können.

Oberflächenelektroden wurden in einigen Studien zur EMG-Messung von Probanden in Fahrmanövern herangezogen, wie z.B. in Östh et al. (2012a) und Muggenthaler et al. (2005). Die Messung der Muskelaktivität reagiert sehr sensitiv auf Einflussfaktoren wie die Positionierung der Elektroden auf der Haut (Ahamed et al., 2012). Bei dynamischen Versuchen kann es zu Relativbewegungen zwischen Haut und Muskel kommen, wodurch keine bzw. zu wenige aktive motorische Einheiten im Muskelbereich erfasst werden (De

Luca, 1997). Die maximale Muskelkraft, die der Proband aufbringen kann, wird in der Literatur als „Maximum Voluntary Contraction" (MVC) bezeichnet. Zum Vergleich der Muskelkräfte zwischen verschiedenen Probanden ist eine Normierung der Muskelaktivität mit Daten aus den MVC-Versuchen jedes einzelnen Probanden erforderlich.

2.6 Numerische Ersatzmodelle des Muskels

Zur Abbildung der charakteristischen Eigenschaften des Muskels in Form von Ersatzmodellen gibt es unterschiedliche Ansätze, sog. phänomenologische und physiologische Modelle (Muggenthaler, 2006; Cole et al., 1996). Besteht der Fokus auf den Ausgabegrößen eines Muskels, wie z.B. Kraftgenerierung und -pfade, ohne dabei die Prozesse in der Muskelfaser zu beschreiben, genügen phänomenologische Modelle wie das Hill-Modell (Hill, 1938) zur Beschreibung. Die physiologischen Modelle hingegen sind deutlich komplexer und berücksichtigen die Vorgänge innerhalb der Muskelfaser. Eines dieser Modelle ist das Huxley-Modell (Huxley, 1974), welches die Vorgänge der Querbrückenzyklen berücksichtigt. Je nach Anwendungsbereich und Fokus der Untersuchung ist zu prüfen, welches der Modelle am geeignetsten ist. Sollen Kinematik oder Spannungsverteilung in der knöchernen Struktur infolge muskulärer Anspannung untersucht werden, ohne dabei die inneren Prozesse zu charakterisieren, sind phänomenologische Modelle ausreichend genau. Die Abbildung mittels Hill-Modelle zeigte hinreichend gute Ergebnisse bei den erwähnten Anwendungen (Cole et al., 1996)

2.7 Hillsche Gleichung

Anhand von Untersuchungen an isolierten Froschmuskeln lieferte A. V. Hill einen wesentlichen Beitrag zum Verständnis der Muskelkontraktion, welches die Grundlage für die späteren Hill-Modelle bildete. Hill versetzte Froschmuskeln elektrische Reize, um diese kontrahieren zu lassen. Dabei entdeckte er einen Zusammenhang zwischen der Wärmeabgabe und der Kontraktionsgeschwindigkeit des Muskels. Die charakteristische Hill-Formel (Hill, 1938) beschreibt den Fall der konzentrischen Kontraktion eines Muskels. Sie wird beschrieben über

$$(P + a)(v_{ce} + b) = (P_0 + a)b \quad \text{bzw.} \quad (P + a)v_{ce} = b(P_0 - P) \tag{2.14}$$

mit der Spannung P, der Muskelgeschwindigkeit v_{ce}, der maximalen isometrischen Spannung P_0, dem Formparameter a (Dimension einer Spannung) und dem temperaturabhängigen Formparameter b (Dimension einer Geschwindigkeit).

Wie in Kapitel 2.3 erwähnt, gibt es einen hyperbolischen Zusammenhang zwischen der Kraft und der Kontraktionsgeschwindigkeit, dessen Basis diese Gleichung darstellt. Mit den Erkenntnissen von Hill konnten die viskoelastischen Eigenschaften des Muskels besser verstanden und bisherige Modellierungsansätze mit reinen Feder-Masse-Systemen verworfen werden (Winters, 1990; Feldman und Latash, 2005). Heutige Hill-Modelle beinhalten Erweiterungen zur Beschreibung der passiven Eigenschaften, der Kontraktionsdynamik im exzentrischen Fall sowie der Kraft-Längen-Relation. Die Muskelcharakteristika sind erst im Laufe der Zeit hinzugefügt worden und wurden nicht in der charakteristischen Hill-Glei-chung berücksichtigt. Eine Übersicht verschiedener Hill-Modellvarianten ist bei Winters und Stark (1987) und Winters (1990) zu finden.

2.8 Equilibrium Point-Hypothese

Erste Arbeiten zu geregelten Muskelmodellen bedienten sich der Grundlage, dass die Mus-kelaktivität des menschlichen Körpers über Signale des ZNS geregelt wird. Ein erster An-satz zur Abbildung der Rückkopplung von Sensorgrößen an das ZNS war die Arbeit von Merton (1953). Hieraus ging hervor, dass zur Regelung der Muskelaktivität allein die In-formationen über die Muskellängen durch die Muskelspindeln ausreichend sind. Es zeigte sich jedoch, dass diese Betrachtung nicht ausreichend war (Latash, 2012). Trotzdem ist die Rückkopplung der Längeninformation eine wesentliche Komponente innerhalb des Mus-kelregelkreises.

Bei dynamischen Systemen sowie der Bewegungssteuerung wird zwischen der inversen Dynamik und der Vorwärtsdynamik unterschieden. Bei der inversen Dynamik ist die Be-wegung bekannt bzw. vorgegeben und die dafür notwenigen Größen (Kräfte, Momente) sollen bestimmt werden. Bei der Vorwärtsdynamik sind die bekannten Inputgrößen Kräfte und Momente, während die Bewegung die zu bestimmende Größe darstellt.

Bei reflexartigen Bewegungen findet eine unwillkürliche Reaktion ohne eine biologische Rückkopplung statt, da diese bei explosiven Bewegungen zu langsam agiert (Ka-wato, 1999). Die Frage, inwieweit die motorische Steuerung Informationen aus der Senso-rik benötigt oder diese bei bestimmten Fällen ohne Sensorinformationen auskommen, ist noch nicht abschließend geklärt. Die aktuelle Forschung untersucht, inwieweit das ZNS sich beider Dynamiken bedient und wie diese interagieren (Gerdes und Happee, 1994).

2.8.1 Funktion

Aufbauend auf der Servo-Hypothese entwickelte Feldman (1986) die „Equilibrium Point Hypothesis" (EPH) zur Abbildung der menschlichen Bewegungskontrolle. Die EPH basiert auf vereinfachten Prinzipien der Muskelphysiologie und der Umgehung der inversen Dy-namik (Praxl, 2000). Die Methode lässt sich mit Hilfe des Feder-Dämpfer-Systems erklä-ren, bei dem eine bestimmte Position (Ausgangsposition) den Gleichgewichtspunkt einer Kraft-Positions-Beziehung darstellt. In diesem Punkt ist das System ausgeglichen. Wirkt eine externe Kraft auf das System, ist es bestrebt, den Gleichgewichtspunkt wieder einzu-nehmen. Diese Betrachtung ist jedoch für die Modellierung der Bewegungskontrolle nicht ausreichend, da bei der Bewegungskontrolle eine kontinuierliche Änderung des Gleichge-wichtspunktes zur Simulation von Bewegungen nötig ist. Auf das Bewegungssystem bezo-gen, ist diejenige Gelenkstellung, bei der das Gesamtmoment gleich Null ist, der Gleichge-wichtspunkt (EP). Dieser wird über die Beuge- und Streckmuskeln determiniert. Die EPH geht davon aus, dass das Gehirn bei Bewegungen verschiedene Gleichgewichtspunkte vor-gibt, um Bewegungen zu steuern. Über die Muskelaktivität wird die Steifigkeit der Agonis-ten und Antagonisten kontinuierlich verändert, sodass eine fortlaufende Bewegung nachge-bildet werden kann. Es gibt zwei Versionen der EPH zur Bewegungsteuerung. Im α-Modell

(Bizzi et al., 1992) fehlt die Beschreibung der Rückkopplung und des Zusammenhangs zwischen Bewegung und Muskelaktivierung (Praxl, 2000), welche Bestandteil des λ-Modells ist. Zur Beschreibung des λ-Modells wurden drei Annahmen getroffen (Latash, 2012). Zunächst ergibt sich eine Stimulation anhand der Differenz eines Istwertes zu einem Sollwert. Im zweiten Schritt wird vorausgesetzt, dass ein physikalisches System zu einer Gleichgewichtslage tendiert. Die dritte Annahme ist, dass die Kontrolle von Bewegungen durch die Verschiebung der Sollwerte λ für den Muskeldehnreflex gesteuert werden kann. Abbildung 2.3 zeigt die unterschiedlichen Einflussparameter zur Verschiebung von Gleichgewichtspunkten. Die Verschiebung kann in drei verschiedenen Szenarien erfolgen: zum einen infolge einer Laständerung ohne freiwillige Änderung des Dehnreflex-Sollwerts, infolge der ausschließlich freiwilligen Änderung des Dehnreflex-Sollwerts oder infolge beider Szenarien.

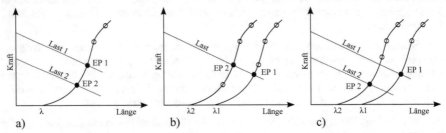

Abbildung 2.3: Verschiebung der EPs durch die Änderung der Last (Last 1 auf Last 2) a), der freiwilligen Änderung des Dehnreflex-Sollwerts (λ1 auf λ2) b) oder in Kombination c)

2.8.2   Mathematische Betrachtung der EPH

Ein Gleichgewicht beschreibt den Zustand eines Systems, bei welchem die resultierenden äußeren Kräfte und Momente null sind. Beispielsweise kann die Dynamik eines Systems über

$$\dot{y} = h(y, n) \tag{2.15}$$

beschrieben werden. Hierbei beschreibt y den Zustand eines Systems, h ist die Funktion und $n(t)$ ist ein Regelinputparameter. Der Gleichgewichtspunkt y^* lässt sich mittels

$$0 = h(y^*, n) \text{ für } t \geq t_0 \tag{2.16}$$

bestimmen. Wird ein Gleichgewichtspunkt erreicht, verharrt das System in diesem.

Für mechanische Systeme ist der Zustand durch $y = \{x, \dot{x}\}$, mit x und $\dot{x}$ als die Position und die Geschwindigkeit des Systems definiert. Der Bewegungszustand eines Systems bleibt konstant, solange die Summe der angreifenden Kräfte gleich null ist. In Form von Gl. (2.15) kann der Zustand über

$$\ddot{x} = I(x)^{-1} \left(f_c(\dot{x}, x, n(t)) - f_m(\dot{x}, x) \right) \tag{2.17}$$

beschrieben werden. Dabei ist I die Trägheitsmatrix des Systems, f_c der Vektor der externen Kräfte, welche durch den Regler erzeugt werden, und f_m der Vektor der Trägheitskräfte, die aus der Bewegung resultieren (Coriolis- und Zentripetalkräfte). Das System befindet sich in gleichförmiger translatorischer Bewegung $\{\dot{x} = \text{konst.}\}$ oder verharrt in einem Gleichgewichtspunkt (EP) x^* $\{\dot{x} = 0\}$, wenn sich die Kräfte aufheben ($f_c - f_m = 0$).

Zur Regelung des Systems aus Gl. (2.17) muss der Inputparameter $n(t)$ so gewählt werden, dass das System der Sollposition $x_d(t)$ folgt. Wird $n(t)$ zu jedem Zeitpunkt so gewählt, dass das System sich stets im Zustand $\{x_d, \dot{x}_d\}$ befindet, erzeugt der Regler eine Kraft

$$f_c = \hat{f}_m + \hat{I}\ddot{x}_d(t) \qquad (2.18)$$

Mit der vom Regler geschätzten Position $\hat{x}$ ergeben sich der geschätzte Vektor der Trägheitskräfte $\hat{f}_m$ sowie die geschätzte Trägheitsmatrix des Systems $\hat{I}$. Aufgrund von Ungenauigkeiten in der Schätzung bedarf es zusätzlicher Komponenten, die das System in den gewünschten Zustand bringen (Shadmehr, 1995):

$$f_c = \hat{f}_m(\dot{x}, x) + \hat{I}\ddot{x}_d(t) - B_d(\dot{x} - \dot{x}_d) - K_p(x - x_d) \qquad (2.19)$$

mit der proportionalen Rückführungsmatrix K_p und der differenziellen Rückführungsmatrix B_d.

Die vom Regler erzeugte Kraft berücksichtigt die Masse des Systems, um das System entlang einer Soll-Trajektorie zu bewegen. Die Schätzung repräsentiert in vereinfachter Weise die internen sensorischen Informationen des Gehirns, welche zur Anpassung und Korrektur von Bewegungen herangezogen werden müssen. Das Regelsystem aus Gl. (2.19) der EPH vernachlässigt jedoch weitestgehend die Schätzung der Dynamik von Extremitäten (Shadmehr, 1995), z.B. die Bewegungsinformationen des Arms. Der Hypothese der EPH liegt Zugrunde, dass Bewegungen ausschließlich mittels Rückkopplungsinformationen der Muskel- sowie Rückenmarksreflexe geregelt werden können. Diese werden in der EPH über die Rückführungsmatrizen abgebildet.

Die EPH ist aktuell Gegenstand von Diskussionen, da nicht abschließend geklärt wurde, inwieweit die ausschließliche Berücksichtigung der Rückkopplung der Muskel- und Rückenmarksreflexe die fehlenden Bewegungsinformationen der Extremitäten kompensieren können (Shadmehr, 1995).

3 Stand der Technik

3.1 Aktive Menschmodelle

Der Einsatz erster Muskelelemente in virtuellen FE-Menschmodellen wurde für die Abbildung von Halsmuskeln durchgeführt (Deng und Goldsmith, 1987; de Jager, 1996; Wittek, Kajzer und Haug, 2000). Die Modellierung von Muskeln kann in unterschiedlicher Weise erfolgen. Es gibt Muskelmodelle, welche lediglich die passiven, viskoelastischen Eigenschaften des Muskels, oder diejenigen, die zusätzlich die aktiven Eigenschaften abbilden. Beispiele passiver Muskeln mit Linien- oder Volumenelementen finden sich in Jost und Nurick (2000), Robin (2001), Ejima et al. (2005), Toyota (2008). Bei der Muskelmodellierung ist die aktive Muskeleigenschaft von großer Bedeutung. Im Folgenden soll auf bisherige Arbeiten zur Modellierung aktiver Muskeln eingegangen werden.

Muskelmodelle, bestehend aus 3D Solid-Elementen zur Abbildung der passiv-elastischen und der dämpfenden Eigenschaft in Kombination mit 1D-Linienelementen, werden als hybrider Ansatz der Muskelmodellierung beschrieben (Behr et al., 2006; Hedenstierna, 2008; Iwamoto et al., 2009; Iwamoto, Nakahira und Sugiyama, 2011; Iwamoto et al., 2012). Diese Methode bietet den Vorteil, dass die Muskelgeometrie realistischer nachgebildet wird, jedoch ist eine kontinuierliche Kraftübertragung zwischen Muskelansatz und -ursprung schwieriger abzubilden. Am meisten verbreitet ist die Modellierung der Muskeln über Linienelemente, welche die passiven wie auch die aktiven Eigenschaften des Muskels abbilden können. Hierfür werden Hill-type-Elemente entlang der Kraftpfade an Muskelursprung und -ansatz implementiert (Östh et al., 2012a, 2012b; Yigit et al., 2014b, 2015).

In verschiedenen Studien werden Aktoren zwischen den Wirbeln als Muskelersatzmodelle eingesetzt (Cappon et al., 2007; Meijer et al., 2012). Die Bewegung wird bei diesem Ansatz über Momente im Gelenk gesteuert.

Es gibt unterschiedliche Strategien zur Aktivierung der Muskelelemente. So gibt es die Ansätze, welche dem Modell eine vorgegebene Aktivierungskurve hinterlegen (de Jager, 1996; Yigit et al., 2014b, 2015) und somit eine Steuerung der Muskelaktivierung darstellen. Auf der anderen Seite gibt es Ansätze, welche die Aktivierung über einen Regelalgorithmus verfolgen (Östh et al., 2012a, 2012b).

3.2 Gesteuerte Muskelaktivierung

Bei der gesteuerten Muskelaktivierung erfolgt keine Rückkopplung zwischen Soll- und Istgröße. Hierbei wird die Muskelaktivierung als konstanter Wert oder als Kurve dem Simulationsmodell hinterlegt. Dieser Ansatz lässt sich für einfache Betrachtungen zwischen Modellen heranziehen und benötigt mehrmalige Anpassungen der Kurve, um das Modellverhalten zu optimieren. Außerdem ist die jeweilige Muskelaktivierung mit einem spezifischen Lastfall verknüpft und bietet somit keine ausreichende Flexibilität bei verschiedenen Lastfällen.

© Springer Fachmedien Wiesbaden GmbH 2018
E. Yigit, *Reaktives FE-Menschmodell im Insassenschutz*,
AutoUni – Schriftenreihe 114, https://doi.org/10.1007/978-3-658-21226-1_3

Zur Untersuchung des Einflusses der reflexartigen Anspannung auf die Kopfkinematik haben de Jager (1996), Wittek et al. (2000), van der Horst (2002); Brolin, Halldin und Leijonhufvud (2005) ein Kopf-Hals-Modell verwendet, in welchem zu einem bestimmten Zeitpunkt eine Muskelaktivierung eingeleitet wird. Je nach Einleiten der Aktivierung oder Verlauf der Aktivierungskurven lassen sich Unterschiede in der Kinematik feststellen. De Jager (1996) zeigt die Notwendigkeit auf, aktive Muskeln zu implementieren, um eine realistische Kopf-Hals-Kinematik bei Frontal- und Laterallastfällen abbilden zu können. Das Kopf-Hals-Modell wurde später von van der Horst (2002) für die Untersuchung bei Heckaufpralllastfällen verwendet, mit denen die Aussage von de Jager bestätigt wurde. Wittek et al. (2000) und Brolin et al. (2005) nutzen ebenfalls den Ansatz einer vorgegebenen Aktivierung mit einem FE-Kopf-Hals-Modell und Hill-type-Elementen. Sie untersuchten den Einfluss der Aktivierung der Nackenmuskulatur auf die Verletzungsschwere der Wirbelbogengelenke innerhalb der Halswirbelsäule bei Heckaufpralllastfällen. Des Weiteren untersuchten sie, wie sich die Muskelaktivierung auf die Verletzung von Weichgewebe bei Frontal- und Seitwärtskollisionslastfällen auswirkt.

3.3 Optimierungsstrategien

Chancey et al. (2003) entwickelten ein MKS-Kopf-Hals-Modell mit detaillierten Muskeln und untersuchten den Einfluss der Muskelaktivität auf die Zugbelastung der Halswirbelsäule. Die Muskelaktivierungskurven für die Abbildung eines entspannten Nackens (Grundtonus) sowie diejenigen Aktivierungen für die maximal angespannte Muskulatur wurden über eine Optimierungsschleife identifiziert. Ziel war es, die Muskeln so anzuspannen, dass der Kopf im Gleichgewicht bleibt. Denselben Ansatz verfolgten auch Dibb et al. (2013), bei denen der Fokus auf der Ermittlung der Aktivierungskurven für das Halten des Kopfs in der Initialposition stand. Auf Basis des Modells von Chancey et al. (2003) untersuchten Brolin et al. (2008) lastfallabhängige Aktivierungslevel für die Beibehaltung der Kopfposition in einem FE-Kopf-Hals-Modell. Dieses Modell wurde anschließend zur Analyse von Halswirbelverletzungen bei Helikopterunfallszenarien eingesetzt.

Bose und Crandall (2008) sowie Bose et al. (2010) verwendeten MKS-Menschmodelle verschiedener Anthropometrie (etwa 20–80%-Mann) und unterschiedlicher Ausgangsposen. Die Muskeln wurden mittels Hill-type-Elementen modelliert, wobei die Kokontraktionslevel über eine Optimierung zur Haltung der Modellposition ermittelt wurden. Ziel war es, einen Zusammenhang zwischen der Ausgangspose, der Aktivierung und der Verletzung bei einem Crashlastfall mit 57 km/h aufzuzeigen. Sie zeigten, dass die Initialposition den größten Einfluss auf die Verletzungsschwere aufwies, die Muskelaktivierung jedoch auch einen Einfluss hat. Teilweise konnte eine erhöhte Verletzungsschwere bei den unteren Extremitäten infolge einer höheren Kokontraktion nachgewiesen werden.

Iwamoto et al. (2012) nutzen das THUMS-Menschmodell mit Muskeln aus Volumenelementen zur Abbildung relevanter Skelettmuskeln. Zusätzlich wurde ein vereinfachtes Modell entwickelt, welches ausschließlich Nackenmuskeln in Form von Linienelementen aufweist. Ziel war es, über eine Optimierung (reinforcement learning) das Modell über Vorsimulationen anzulernen. Über Vorsimulationen sollte eine Matrix generiert werden, in welcher eine Beziehung zwischen Aktivierung, Gelenkstellung und Geschwindigkeit abgelegt

wird und bei Bedarf herangezogen werden kann. Die Aktivierungslevel aus dem vereinfachten Modell wurden danach in das komplexe Modell übertragen und bei einem
Bremsverzögerungslastfall getestet. Im aktivierten Fall zeigte sich eine verbesserte Abbildung der Insassenkinematik bezüglich Probandenversuchen in der Anfangsphase des An-
pralls. Die Kinematik in der Endphase konnte jedoch nicht mit guter Näherung abgebildet
werden.

Behr et al. (2006), Sugiyama et al. (2007), und Chang et al. (2008) simulierten Notbremsszenarien mit Menschmodellen und aktiven Muskelelementen in den unteren Extremitäten.
Die Aktivierungslevel stammen aus normalisierten EMG-Daten von Probandenversuchen.
Sie untersuchten Verletzungsrisiken bei Frontalkollisionen (Behr et al., 2006) sowie Brems-
pedalintrusionen (Sugiyama et al., 2007) und Knieaufprall (Chang et al., 2008). Zusammenfassend zeigte sich bei den Studien eine Veränderung des Verletzungsrisikos infolge aktivierter Muskeln. Chang et al. (2008) zeigten, dass sich infolge einer simulierten Muskelanspannung die Belastungen bei Knieanpralllastfällen im Oberschenkel reduzieren und folglich auch das Risiko einer Fraktur sinkt. Aufgrund einer unzureichenden Datenbasis der
Aktivierungslevel der unteren Extremitäten wurde eine zweite Studie (Chang et al., 2009)
aufgesetzt, in der mit Hilfe eines inversen Dynamikmodells Muskelaktivierungen simulativ
identifiziert wurden. Der Vergleich der Aktivierungen aus dem Simulationsmodell zeigte
eine gute Übereinstimmung der Muskelaktivierung für die agonistischen Muskeln der Probanden. Den gleichen Ansatz verfolgten auch Choi et al. (2005). In der Studie wurden neben
der Muskelaktivierung, welche über ein Muskel-Skelettmodell ermittelt wurden, auch ge-
messene Kräfte und Positionen von Gliedmaßen in der Identifikation berücksichtigt. Der
Fokus der Studie lag auf der Prognose von Reaktionskräften auf das Lenkrad, Sitz und Pe-
dalerie bei simulierten Frontalkollisionen mittels Schlitten. Das Simulationsmodell zeigte
eine gute Abbildung der Reaktionskräfte aus den Probandenversuchen.

3.4 Geregelte Muskelaktivierung

Bei geregelter Muskelaktivierung findet ein kontinuierlicher Vergleich zwischen Soll- und
Istgröße wie z.B. für Gelenkstellung, Position oder Kraft statt. Dies entspricht vereinfacht
der Theorie der Aktivierung des Muskels im menschlichen Körper, bei der Informationen
zwischen dem ZNS und den Rezeptoren in Sehnen und Gelenken kontinuierlich ausge-
tauscht werden (Rüdel und Brinkmeier, 2006).

3.4.1 Aktor

Der Einsatz von Gelenkaktoren als mechanisches Muskelersatzmodell findet vorwiegend
in MKS-Modellen Anwendung. Cappon et al. (2007) nutzten einen Regelungsansatz mit
Aktoren zwischen den Wirbelkörpern in einem Menschmodell, um die Insassenkinematik
bei einem bevorstehenden Überschlag des Fahrzeugs (Rollover) zu simulieren. Im ersten
Schritt wurden alle Freiheitsgrade der Aktoren gesperrt, um die statischen Momente als
Ausgangsgrößen für die dynamische Analyse zu übernehmen. Im zweiten Schritt wurden
die Parameter des Reglers mit proportionalem, integralem und differentialen Anteil (PID)
so gewählt, dass eine gute Übereinstimmung zwischen dem Simulationsmodell und den
Probandenversuchen (Pendelimpaktortests von Muggenthaler et al. (2005)) erzielt wurde.
Dieses Modell wurde bei Simulationen der Phase eines bevorstehenden Überschlagunfalls

und bei Simulationen zur Untersuchung reversibler Gurtstraffer (RGS) eingesetzt. Das aktive Menschmodell zeigte bei Überschlagsimulationen (Rollover) eine verbesserte Prognosegüte der Insassenkinematik im Vergleich zum Hybrid III-Dummymodell. Die Wirbelsäule mit aktivierbaren Aktoren wurde später in verschiedenen Studien mit dem TNO Active Human Model verwendet (van Rooij, 2011; Meijer et al., 2008, 2012, 2013a, 2013b). Einen ähnlichen Ansatz aus Gelenkaktoren und PID-Regler verwendeten Almeida et al. (2009) in dem erweiterten THOR-Dummymodell (MKS). Durch die Aktoren im Kopf-Hals-System konnte gezeigt werden, dass das Modell mit gekoppelter Regelung im Vergleich zum rein passiven Modell eine bessere Übereinstimmung der Insassenkinematik bei Fahrmanövern mit Beschleunigungen in Fahrt- und Lateralrichtung erzielte.

3.4.2   Linienelemente (Hill-type)

Die Kombination aus PID-Regler und Hill-type-Linienelementen für die Abbildung von Beuge- und Streckmuskeln in einem MKS-Armmodell stellten Budziszewski et al. (2008) vor. Die Gelenkstellung des Arms ging als Eingangsgröße in die Regelung ein, welche dann eine Aktivierung an diejenigen Beuge- oder Streckmuskeln applizierte, die zur Stabilisierung des Modells verantwortlich sind. Zusätzlich kam ein zweiter Regler zum Einsatz, der das Ein- und Auswärtsdrehen (Pronation/Supination) des Arms regelt. Das Modell wurde mit Daten von Probandenversuchen verglichen, bei denen Armbeugebewegungen durchgeführt wurden. Es zeigte sich eine gute Übereinstimmung der Kinematik zwischen Simulation und Versuch mittels Probanden. Jedoch lagen die Aktivierungslevel aus der Simulation über den Oberflächen-EMG-Messungen der Probanden. Fraga et al. (2009) verwendeten Hill-type-Elemente und einen PID-Regler zur Haltungsregelung des Kopfs eines MKS-Motorradfahrermodells in Frontal- und Laterallastfällen. Schlussfolgernd wurde ausgesagt, dass das Simulationsmodell die Kopfkinematik (Halten in der stabilen Position) eines Probanden bei einer Bremsung abbilden kann. Sie konstatierten, dass das Modell potenziell für die Entwicklung neuartiger Rückhaltesysteme für Zweiradfahrer herangezogen werden kann. Außerdem wurde angegeben, dass die Methode für den Einsatz bei der Aktivierung in Ganzkörpermuskelmodellen eingesetzt werden kann.

Nemirovsky und van Rooij (2010) verbesserten das Modell von Fraga et al. (2009) und fügten einen Bewegungsregler für das Kopf-Hals-System ein. Ziel war neben der Regelung der Initialposition auch, die Regelung des Kopfs bei Streckung und Beugung, lateraler Beugung und Rotation zu gewährleisten. Der Regler war so konzipiert, dass die Freiheitsgrade einzeln geregelt und damit die Aktivierungen nicht superponiert wurden. Jedoch wurden nur die Lastfälle für die Streckung und Beugung näher untersucht. Neben den drei Regelungen für die drei Freiheitsgrade des Kopfes wurde ein separater Regler für die Kokontraktion implementiert. Dies war für die Regelantwort entscheidend, da diese einen großen Einfluss auf die Dämpfung des Systems hat. Das Modell wurde später von van Rooij (2011) verwendet, der annahm, dass die Wirkung der Fahreraufmerksamkeit über die Parametrierung von Stellfaktoren des Reglers abgebildet werden kann. Er simulierte die Kinematik des Fahrers bei Notbremsszenarien und zeigte, dass unterschiedliche Aufmerksamkeitszustände über die Stellfaktoren eingestellt werden können.

Meijer et al. (2012) erweiterten und integrierten das Modell der vorausgegangenen Studien mit dem TNO Active Human Model (Cappon et al., 2007; Meijer et al., 2008; Almeida et al., 2009; Nemirovsky und van Rooij, 2010; van Rooij, 2011), um ein vollständig aktives

Menschmodell zu entwickeln. Der Regelkreis wurde um ein Verzögerungsglied erweitert, um die individuellen Reaktionszeiten berücksichtigen zu können. Zur vereinfachten Abbildung der neuronalen Übertragung wurde ein Tiefpassfilter eingefügt. Das Signal jedes Reglers wird über eine Skalierungskonstante aus einer Muskelrekrutierungsliste umgerechnet und an die entsprechenden Muskeln übertragen. Somit konnten diejenigen Muskeln aktiviert werden, die zur Stabilisierung des Modells in dem jeweiligen Freiheitsgrad angesprochen werden müssen. Bei dem Modell konnte zusätzlich die Kokontraktion eingestellt werden. Somit war es möglich, die Anspannung des Modells vorab zu erhöhen, unabhängig vom Regler und der Stellung des Modells. Das kinematische Verhalten des Modells wurde anhand von Notbrems-, Frontal-, Lateral sowie Heckanpralllastfällen validiert. Es wurde geschlussfolgert, dass sowohl die muskuläre Kokontraktion als auch die Regelung zur Abbildung der Insassenkinematik in den aufgeführten Lastfällen erforderlich sind.

Bei Meijer et al. (2013b) wurde das Modell um Regler für die Ellenbogen- und Hüftmuskeln erweitert. Die Muskelrekrutierung und die damit einhergehende Entkopplung der Muskeln zur Beugung und Streckung, den Rotationen und der Abduktion sowie Adduktion wurden mittels der gleichen Methodik realisiert wie bei Nemirovsky und van Rooij (2010). Das Modell wurde anhand einer Vielzahl von Lastfällen validiert. Mit einer teilweise sehr hohen Kokontraktion ($N_a = 0,5$) zeigte sich eine gute Übereinstimmung der Hals- und Brustvorverlagerung bei Bremsmanövern mit Verzögerungen um ca. 1 g sowie in Kollisionslastfällen mit Verzögerungen um 3,8 g und 15 g. Meijer et al. (2013a) fügten neue Nackenmuskeln in das TNO Active Human Model hinzu und bewerteten die Kinematik des Kopf-Hals-Systems bei geringen Störungen, die auf den Wirbelkörper T1 aufgeprägt wurden. Des Weiteren wurden Störungen auf die Hand aufgeprägt, um die Beugung und Streckung des Ellenbogens mit den Probandendaten zu vergleichen. Anschließend wurde der Einfluss eines angespannten und nicht angespannten Insassen in einem Notbremsszenario simulativ abgebildet. Es wurde gezeigt, dass sich die Kinematik beider Anspannzustände unterscheidet.

Die Kombination aus Hill-type-Linienelement und PID-Regelung mit Verzögerungsglied verfolgten auch Östh et al. (2012b). Sie implementierten Hill-type-Elemente in das isolierte THUMS-Armmodell auf FE-Basis. Es wurden Beuge- und Streckmuskeln gruppiert sowie das kontaktbasierte Gelenk mit einem kinematischen Gelenk ersetzt. Es konnte gezeigt werden, dass sowohl die Bewegung infolge der Aktivierung des Muskels als auch die Abbildung der passiven Eigenschaften des Muskels vielversprechende Ergebnisse lieferten. Das Modell wurde anhand von Probandendaten aus Armbeugeversuchen validiert. Auch in diesem Modell wurde eine Parametrierung der Stellfaktoren des Reglers zur Abbildung unterschiedlicher Anspannzuständen herangezogen. Die Methode wurde für den Einsatz in einem Gesamtmenschmodell als positiv bewertet. Jedoch wurde angedeutet, dass die Modellierung der Gelenke verbessert werden müsse, da es in der Studie zu numerischen Instabilitäten bei den kontaktbasierten Gelenken kam. Die Instabilitäten resultierten u.a. daraus, dass die Regelung lediglich auf eine Bewegungsebene (Sagittalebene) beschränkt war, das Modell jedoch auch Bewegungen außerhalb der Sagittalebene zeigte. Somit war die korrekte Erfassung der Gelenkstellung nicht mehr möglich.

Diese Methode wurde anschließend in der Arbeit Östh et al. (2012a) in das THUMS-Menschmodell von Muskeln in Kopf, Hals, Lenden und Abdomen implementiert. Es wurden drei Regler für die Bereiche Lende/Abdomen, Halswirbelsäule und Kopf appliziert. Je nach Bewegungsrichtung und Abweichung zwischen der Soll- und Ist-Stellung des jeweiligen

Körperbereichs errechnet der Regler eine Aktivierung und übergibt diese an die entsprechenden Beuge- oder Streckmuskeln, je nachdem, in welche Richtung das Modell ausgelenkt wird. Als Datenbasis wurden Schlittentests und Notbremsmanöver herangezogen. Für einen Probanden im Schlittenversuch konnten die Kinematik sowie der Aktivierungsverlauf der Lendenmuskeln gut abgebildet werden. Bei dem Vergleich mit Notbremsversuchen lag die Kopfkinematik im Versuchskorridor der Probanden. Der Einsatz der Methodik zur Abbildung der Insassenkinematik in der Sagittalebene bei Notbremsmanövern wurde als positiv bewertet. Das Modell wurde anschließend in Östh, Brolin und Bråse (2015) um die Schulter- und Ellenbogenmuskulatur erweitert. Im Fokus der Arbeit stand die Untersuchung der Insassenkinematik bei Notbremsmanövern mit und ohne reversiblen Gurtstraffer (RGS). Es konnte eine gute Übereinstimmung der Vorverlagerung zwischen Simulationsmodell und Probandendaten gezeigt werden. Die Kopfrotation und Muskelaktivierung war im Simulationsmodell im Vergleich zu den Probandendaten (Oberflächen-EMG) zu hoch. Des Weiteren wurde der Einfluss höherer Gurtkräfte auf die Vorverlagerung untersucht.

Es zeigen sich noch einige Einschränkungen der verwendeten Methode der Modelle aus Östh et al. (2012a), (2015). Hierzu zählt die Verwendung kinematischer Gelenke anstelle der kontaktbasierten Gelenke aus dem Ursprungsmodell. Außerdem beschränkt sich die Regelung auf die Sagittalebene und müsste für die Abbildung lateraler Bewegungen erweitert werden. Bisher wurden bei der Validierung immer Lastfälle mit Dreipunktgurt berücksichtigt. Eine Validierung des Modells ohne den Einfluss des Brustgurtes ist bisher mit dem Modell nicht gezeigt worden.

4 Methode zur geregelten Muskelaktivierung

4.1 Hill-type-Modell

Zur Simulation der Insassenkinematik unter Berücksichtigung der muskulären Anspannung ist es nicht erforderlich, auf die biomechanischen inneren Vorgänge der Muskelfaser einzugehen. Die mikroskopischen Modelle sind für den Einsatz in virtuellen Gesamtmenschmodellen zu komplex, da eine Vielzahl an Muskeln notwendig wäre und somit lange Rechenzeiten entstehen würden. Derzeit werden diese Modelle in isolierten Muskeln verwendet. Makroskopische Muskelmodelle wie das Hill-type-Element haben sich zur Simulation von Bewegungen und Anspannungszuständen in Mensch- und Körpermodellen bisher bewährt (Praxl, 2000).

Das Hill-type-Modell geht auf die Arbeiten von A.V Hill (Hill, 1938) zurück. Aufbauend auf dessen Theorien wurden unterschiedliche mechanische Ersatzmodelle des Muskels entwickelt. Das in dieser Arbeit verwendete Hill-type-Element (ESI Group, 2013) basiert auf den Formulierungen von Audu und Davy (1985), Winters und Stark (1985), (1987), (1988), Winters (1990), de Jager (1996) und wurde durch Wittek et al. (2000) in die aktuelle Fassung umgeformt. Dieses Modell besteht aus drei parallelgeschalteten Elementen. Abbildung 4.1 zeigt den schematischen Aufbau des Hill-type-Elements im FEM Tool *Virtual Performance Solution* (VPS). In dieser Formulierung des Hill-type-Elements wird das Sehnenelement nicht berücksichtigt.

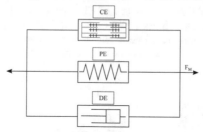

Abbildung 4.1: Hill-type-Modell in VPS

Das Hill-type-Modell besteht aus einem kontraktilen Element (CE), einem passiv-elastischem Element (PE) und einem Dämpfungselement (DE). Das CE-Element repräsentiert den aktiven Teil des Muskels, welches infolge induzierter Aktivierungen eine Muskelkraft generiert. Das PE-Element repräsentiert die Steifigkeit des passiven Muskels, welches einen Kraftanstieg bei der Überdehnung des Elements zur Folge hat. Das DE-Element ist die dämpfende Komponente des passiven Muskels. Aus der Summe der Einzelkomponenten lässt sich die Muskelkraft F_M über

$$F_M(N_a, l_{ce}, v_{ce}) = F_{CE}(N_a, l_{ce}, v_{ce}) + F_{PE}(l_{ce}) + F_{DE}(v_{ce}) \tag{4.1}$$

© Springer Fachmedien Wiesbaden GmbH 2018
E. Yigit, *Reaktives FE-Menschmodell im Insassenschutz*,
AutoUni – Schriftenreihe 114, https://doi.org/10.1007/978-3-658-21226-1_4

mit der Kraft F_{CE} des kontraktilen Elements, der Kraft des passiv-elastischen Elements F_{PE} und der Dämpfungskraft F_{DE} berechnen. Die Einflussparameter sind der Muskelaktivierungslevel N_a, welcher Werte zwischen 0 und 1 annimmt, die Ist-Muskellänge l_{ce} und die Ist-Muskelgeschwindigkeit v_{ce}. Die Kraft des kontraktilen Elements ist definiert über

$$F_{CE}(N_a, l_{ce}, v_{ce}) = F_{M\_max} \, N_a \, F_l(l_{ce}) \, F_v(v_{ce}). \tag{4.2}$$

F_l ist die Kraft-Längen-Relation und F_v ist die Kraft-Geschwindigkeit-Relation des kontraktilen Elements nach Wittek et al. (2000). F_{M_max} ist dabei die maximale isometrische Muskelkraft, welche sich über den physiologischen Muskelquerschnitt $PCSA$ und die isometrische Muskelspannung σ_M zu

$$F_{M\_max} = PCSA \, \sigma_M \tag{4.3}$$

bestimmen lässt.

Die Kraft-Längen-Relation ist definiert über

$$F_l(l_{ce}) = e^{-\left(\frac{l_{ce}}{l_{opt}} - 1\right)^2 \frac{1}{c_{sh}^2}}, \tag{4.4}$$

mit dem Formparameter C_{sh}, welcher für die meisten Muskeln zwischen 0.3 und 0.5 liegt (ESI Group, 2013); l_{opt} bezeichnet die optimale Länge des Muskels, bei der $F_l = 1$ wird. Die Kraft-Geschwindigkeit-Relation F_v geht auf die Ursprünge der Hill-Gleichung zurück, wurde später von Winters und Stark (1985) umformuliert und durch den Bereich der exzentrischen Kontraktion erweitert. Die in dieser Arbeit verwendete Form der Gleichung wurde in Wittek et al. (2000) verwendet und ist definiert über

$$F_v(v_n) = \begin{cases} 0 & v_n \leq -1 \\[2ex] \dfrac{1 + v_n}{1 - \dfrac{v_n}{C_{short}}} & -1 < v_n \leq 0 \\[3ex] \dfrac{1 + v_n \dfrac{C_{mvl}}{C_{leng}}}{1 + \dfrac{v_n}{C_{leng}}} & v_n > 0 \end{cases} \tag{4.5}$$

mit der normalisierten Deformationsgeschwindigkeit des Muskels v_n, welche definiert ist über

$$v_n = \frac{v_{ce}}{v_{max}}. \tag{4.6}$$

v_{max} beschreibt die maximale Deformationsgeschwindigkeit des Muskels. C_{short} und C_{leng} sind Formparameter entsprechend für die Muskelkontraktion bzw. -längung, C_{mvl} ist ein Relationsparameter zwischen der maximalen Muskelkraft der exzentrischen und isometrischen Kontraktion (ESI Group, 2013).

Die Kraft des passiv-elastischen Elements ist definiert über

$$F_{PE}(l_{ce}) = F_{M\_max} \, F_{lp} \tag{4.7}$$

mit der Kraft-Längen-Relation des passiv-elastischen Elements F_{lp}, welches über

$$F_{lp}(l_{ce}) = \frac{1}{e^{C_{PE}} - 1} \left\{ e^{\left(\frac{C_{PE}}{PE_{max}}\left(\frac{l_{ce}}{l_{o\,fib}} - 1\right)\right)} - 1 \right\} \tag{4.8}$$

definiert ist. PE_{max} ist ein Wert der Überdehnung des Muskels, bei dem die Kraft den Wert F_{max} annimmt. C_{PE} ist ein Formparameter der Kraft-Längen-Relation des passiv-elastischen Elements. $l_{o\,fib}$ ist diejenige Muskellänge, die in der Ruhelage (Astronautenposition) vorliegt. Sie ist definiert über

$$l_{o\,fib} = \frac{l_{opt}}{a_{l\,opt}} \tag{4.9}$$

mit dem Parameter $a_{l\,opt}$, der im Bereich zwischen 1,05 und 1,2 liegt (ESI Group, 2013).

Die Dämpfungskraft F_{DE} des passiven Muskels ist definiert über

$$F_{DE}(v_{ce}) = c_D * v_{ce} \tag{4.10}$$

mit dem Koeffizienten c_D der linear-viskosen Dämpfung.

Die Muskelkraft ist wesentlich abhängig von der Muskellänge und deren Längenänderung. Abbildung 4.2 zeigt die Kraft-Längen-Relationen des CE- und des PE-Elements sowie die Kraft-Geschwindigkeit-Relation des CE-Elements.

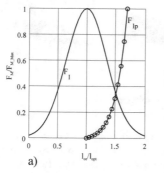 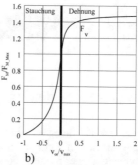

Abbildung 4.2: Statische Kraft-Längen-Relationen a) und Kraft-Geschwindigkeit-Relation b) des Hill-type-Elements in VPS

Die Kraft-Längen-Relationen basieren auf Gl. (4.4) und Gl. (4.8). Die Kraft-Geschwindig-keit-Relation basiert auf der Gl. (4.5).

In einigen Hill-type-Varianten ist die Sehneneigenschaft in der Hill-type-Definition inte-griert. Die Modellierung der Sehnen als zusätzlich gekoppelte 1D-Elemente wurde hier nicht berücksichtigt, da dies nicht der ursprünglichen Hill-type-Definition entspricht und es sich im Rahmen dieser Arbeit gezeigt hat, dass die Modellierung von mehreren hintereinan-dergeschalteten Elementen zu Schwingungen der Elemente und Instabilitäten führt.

4.2 λ-Regelung

Die in dieser Arbeit verwendete Variante der „Equilibrium Point Hypothesis" (siehe Kapitel 2.8) wird zur Regelung der Muskelaktivierungslevel eingesetzt, indem sie aus Knoten- und Elementinformationen kontinuierlich Regeldifferenzen errechnet, anhand derer die Stell-größe bestimmt wird. Es ergeben sich beim Einsatz der λ-Regelung zwei Betrachtungswei-sen. Die eine folgt der Stabilisierung des biomechanischen Systems in der Ruhelage infolge einer externen Krafteinwirkung durch die Vorgabe eines konstanten λ_l-Wertes. Die andere folgt dem Einleiten einer Bewegung durch die Vorgabe unterschiedlicher λ_l-Werte mit der Zeit. Die Regelung des Systems „Körper" wird über die Aktivierung unterschiedlicher Mus-keln realisiert.

Die λ-Regelung basiert vereinfacht auf physiologischen Prozessen zur Bewegungssteue-rung. Abbildung 4.3 zeigt die drei Phasen der Regelung in Analogien zur Physiologie.

1. Stimulation ⟶ 2. Ausschüttung von ⟶ 3. Muskelaktivierung
                       Kalzium-Ionen

Abbildung 4.3: Analogie der λ-Regelung zum physiologischen Prozess

Die hier verwendete λ-Regelung besteht zum einen aus dem Regel- und zum anderen aus dem Aktivierungsanteil. Der Regelanteil basiert auf der Arbeit von Günther und Ruder (2003) zur Berechnung einer Stimulation s_l infolge der Längendifferenz aus der Soll- und Ist-Muskellänge sowie der Deformationsgeschwindigkeit des Muskels. Die Stimulation s_l ist definiert über

$$s_l = \kappa_l \cdot \left(\frac{l_{ce} - (1 - \delta_l) \cdot \lambda_l + \sigma_l \cdot v_{ce}}{l_{opt}} \right), 0 \leq s_l \leq 1 \tag{4.11}$$

mit der Soll-Muskellänge λl, dem Verstärkungsfaktor der muskulären Stimulation κl, dem Parameter zur Gleichgewichtsverschiebung δl, der in der Literatur (Günther und Ruder, 2003) auch als Parameter zur Abbildung der Koaktivierung herangezogen wird, sowie dem Gewichtungsparameter der Deformationsgeschwindigkeit σl. Dieser Teil entspricht vereinfacht der sensorischen Rückkopplung der Informationen über den Muskelzustand mit dem ZNS, welches die Reizintensität regelt (Günther und Ruder, 2003).

Der zweite Teil der Regelung umfasst die Aktivierung infolge des Reizes. Die hier verwendete Aktivierungsdynamik basiert auf den Arbeiten von Hatze (1977), (1981), bei denen ein funktionaler Zusammenhang zwischen der Stimulation, den freien Kalzium-Ionen und der Muskelaktivität beschrieben wurde. Die Stimulation geht hierbei als Eingangsgröße in die Berechnung der freien Kalzium-Ionen ein, welche definiert ist über

$$\dot{\gamma} = m_{act} \cdot (s_l - \gamma), 0 \leq \gamma \leq 1 \tag{4.12}$$

mit der Konzentration der freien Kalzium-Ionen γ, der Konzentrationsrate $\dot{\gamma}$ und dem Aktivierungsparameter m_{act} (Hatze, 1977). Die Werte für m_{act} wurden experimentell bestimmt; sie liegen für schnelle Muskelfasern bei m_{act} = 11,25 s-1 und für langsame Fasern bei m_{act} = 3,67 s-1 (Hatze, 1981). Die Bestimmung des Aktivierungslevels erfolgt mit dem Inputparameter der freien Kalzium-Ionen γ zu

$$N_a = \frac{q_0 + (\rho_l \cdot \gamma)^2}{1 + (\rho_l \cdot \gamma)^2}, q_0 \leq N_a \leq 1 \tag{4.13}$$

mit dem Grundaktivierungsparameter q_0, der den muskulären Grundtonus repräsentiert, sowie dem Parameter ρ_l, welcher eine Beziehung der Aktivierungsdynamik aus der Faserebene (Aktin-/Myosinüberlappung) in die Muskelebene herstellt. ρ_l ist definiert über

$$\rho_l = c_l \cdot 6.62 \cdot 10^4 \cdot \frac{(\xi - 1)}{\left(\xi \cdot \frac{l_{opt}}{l_{ce}} \right)} \tag{4.14}$$

mit den Formparametern ξ = 2,9 und c_l = 1,371·10-4 (Hatze, 1981)

Der Muskelaktivierungslevel N_a wird als Inputgröße für die Berechnung der Muskelkraft in Gl. (4.2) verwendet. Abbildung 4.4 zeigt den schematischen Aufbau der Kombination aus λ-Regelung und dem Hill-type-Element.

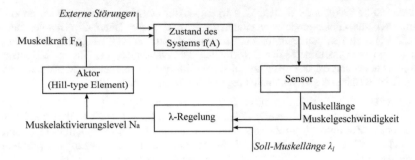

Abbildung 4.4: Schematischer Aufbau der Kopplung aus λ-Regelung und Hill-type-Element zum reaktiven Hill-type-Modell

5 Parametrierung der λ-Regelung für aktive FE-Muskelmodelle

5.1 Armmodell

In diesem Kapitel wird auf den Einfluss der Regelparameter der λ-Regelung, siehe Gleichung (4.11), eingegangen. Die Kombination aus Hill-type-Elementen und der λ-Regelung dient der Untersuchung der Eignung einer geregelten Muskelaktivierung für die Simulation von unterschiedlichen Anspannungszuständen beim Menschmodell. Es sollen die Fragestellungen adressiert werden, welchen Einfluss die Parameter auf das Regelungsverhalten haben und in welchem Wertebereich die Variation sinnvoll ist.

Zur Untersuchung der Einflüsse der λ-Regelparameter wurde ein vereinfachtes Armmodell aus dem *THUMS v3*-Modell isoliert und mit je einem Hill-type-Element für den Arm-Beugemuskel (*Musculus Biceps brachii*) und dem Streckmuskel (*Musculus Triceps brachii*) versehen. Die vereinfachte Abbildung der Muskelelemente wurde bewusst gewählt, da der Fokus der Analyse auf den Einflüssen der Parameter lag und nicht die exakte Abbildung einer Armflexionsbewegung zählte. Des Weiteren wurden einige Vereinfachungen am Armmodell durchgeführt; z.B. wurde das Weichgewebe entfernt und mittels Ersatzmassen am Massenschwerpunkt des Ober- und Unterarms angebunden. Die knöcherne Struktur wurde als Starrkörper definiert. Die ursprüngliche Gelenkverbindung, welche eine kontaktbasierte Verbindung darstellte, wurde durch ein mechanisches Gelenk mit einem rotatorischen Freiheitsgrad ersetzt, das eine Beuge-/Streckbewegung erlaubte. Bei der Streckung des Arms verkürzt sich der Streckmuskel mit gleichzeitiger Dehnung des Beugemuskels. So bewegt sich z.B. der Unterarm vom Oberarm weg. Im Fall einer Beugung verhält es sich umgekehrt und es kommt zu einer Annäherung des Unterarms an den Oberarm. Der Oberarmknochen (Humerus) wurde in diesem Modell am oberen Ende fest eingespannt. Abbildung 5.1a zeigt den Modellaufbau des vereinfachten THUMS-Armmodells.

Das Modell befand sich zu Beginn der Simulation in der Ausgangslage, welche einem Armbeugewinkel von 90° entspricht. Die maximalen Muskelkräfte in den Hill-type-Elementen wurden mit $F_{bi\_max} = 0.63$ kN und $F_{tr\_max} = 0.80$ kN gewählt. Die weiteren Hill-type-Parameter entsprechen den Vorgaben aus ESI Group (2013).

© Springer Fachmedien Wiesbaden GmbH 2018
E. Yigit, *Reaktives FE-Menschmodell im Insassenschutz*,
AutoUni – Schriftenreihe 114, https://doi.org/10.1007/978-3-658-21226-1_5

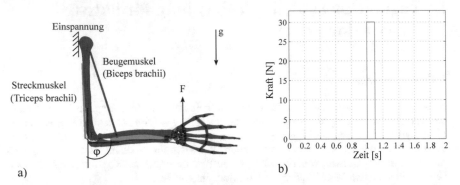

Abbildung 5.1: Vereinfachtes Armmodell zur Untersuchung der λ-Regelparameter a), Funktion der externen Kraft b)

5.2 Lastfall

Zur Untersuchung der Regelparametereinflüsse wurde neben der Armhaltung gegen eine nach einem Sprung bei t = 0 s konstante Beschleunigung von g = 9.81 m/s² (Gravitation) zusätzlich eine sprunghaft ansteigende Kraft beim Zeitpunkt ab t = 1s aufgeprägt, siehe Abbildung 5.1a. Somit kann das Regelverhalten zunächst auf die plötzlich wirkende Gravitation und dann auf die zusätzliche externe Kraft untersucht werden. Mit diesem Lastfall wird zum einen die grundsätzliche Funktionalität des Reglers zur Armhalteregelung überprüft und zum anderen untersucht, wie die Regelantwort auf die zusätzlich wirkende externe Kraft reagiert, deren Funktion in Abbildung 5.1b dargestellt ist.

Die Parametervariation in dieser Studie erfolgte immer nur isoliert, d.h. es wurde immer nur ein Parameter verändert, sodass keine Wechselwirkungen betrachtet wurden. Die Ausgangskonfiguration der Regelparameter in dieser Studie wurde mit $\kappa_l = 1,0$, $\delta_l = 0,002$, $\sigma_l = 40$ 1/s und $m_{act} = 50$ gewählt.

5.2.1   Variation des Regelparameters κ_l

Abbildung 5.2 zeigt den Beugewinkel für die Untersuchung mit geänderten κ_l im Bereich von $0,2 \leq \kappa_l \leq 5$. Es zeigt sich, dass der Arm für den Fall mit $\kappa_l = 0,2$ und $\kappa_l = 1$ schon zu Beginn eine Auslenkung erfährt, bis die nötige Muskelkraft in der Simulation mit $\kappa_l = 1$ erzeugt und ein Gleichgewichtszustand nach t = 0,1 s erreicht wird. In der Simulation mit $\kappa_l = 1$ ist eine stabile Lage sichtbar, die bei t = 1 s durch die externe Kraft nicht mehr gehalten werden kann. Es kommt hierbei zu einer kurzen Auslenkung um 26°. Eine wesentlich geringere Auslenkung erfährt der Arm infolge der externen Kraft in der Simulation mit $\kappa_l = 5$. In diesem Fall ist eine Auslenkung kaum auszumachen. Der Arm zeigt eine hohe Steifigkeit, welche sich in dem geringen Auslenkwinkel von 4° bei der Krafteinleitung zeigt.

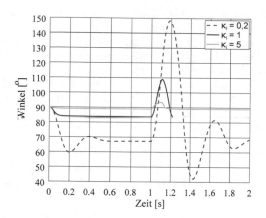

Abbildung 5.2: Vereinfachtes Armmodell, Winkelverlauf bei Variation von κ_l ($\delta_l = 0{,}002$, $\sigma_l = 40$ 1/s)

Abbildung 5.3 zeigt die Aktivierungslevel für den *Biceps brachii* (links) und den *Triceps brachii* (rechts). Für den *Biceps brachii*, der in der Abwärtsbewegung eine Streckung erfährt, ist ein Plateau für die Simulationen mit $\kappa_l = 1$ und $\kappa_l = 5$ sichtbar.

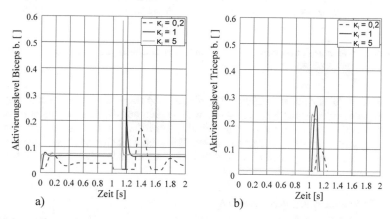

Abbildung 5.3: Vereinfachtes Armmodell, Aktivierungslevel Biceps brachii a) und Triceps brachii b) bei Variation von κ_l ($\delta_l = 0{,}002$, $\sigma_l = 40$ 1/s)

Das Plateau ist ebenso in der Kinematik zu sehen. Für die Simulation mit $\kappa_l = 0{,}2$ ist ein verzögerter Aktivierungsverlauf mit einem lokalen Maximum des Aktivierungslevels von 0,08 bei t = 0,16 s zu sehen. Nach t = 0,2 s fällt die Aktivierung auf das Niveau von 0,04. Die zeitliche Verzögerung des Anstiegs der Aktivierungslevel geht mit kleinerem κ_l einher. Bei dem *Triceps brachii* ist bis t = 1 Sekunde lediglich die Grundaktivierung auszumachen, da der Muskel bis zu diesem Zeitpunkt keine Dehnung erfährt. Erst mit Einsetzen der externen Kraft ändert sich die Länge des *Triceps brachii*, sodass eine Erhöhung der Aktivierung einsetzt. Die Muskelkräfte für den *Biceps brachii* (links) und den *Triceps brachii* (rechts) sind in Abbildung 5.4 dargestellt. Sie korrespondieren mit den Verläufen der Muskelaktivierungen. Die Kräfte im *Biceps brachii* in den Fällen $\kappa_l = 1$ und $\kappa_l = 5$ liegen zu Beginn etwa bei ca. 50 N. In dem Fall mit $\kappa_l = 0,2$ liegt die Kraft im *Biceps brachii* zu Beginn bei 25 N. Analog zur Aktivierung im *Biceps brachii* ist ein kurzzeitiger Anstieg der Kraft auf bis zu 450 N am Ende der externen Krafteinleitung für die Simulation mit $\kappa_l = 5$ zu sehen, welches trägheitsbedingt keinen Einfluss auf die Kinematik hat.

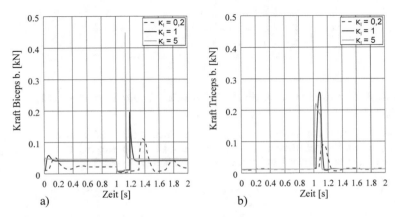

Abbildung 5.4: Vereinfachtes Armmodell, Kräfte im Biceps brachii a) und Triceps brachii b) bei Variation von κ_l ($\delta_l = 0,002$, $\sigma_l = 40$ 1/s)

Ein größeres κ_l führt zu einer stärkeren Stimulation und somit zu einer stärkeren Gesamtaktivierung des Beuge- und Streckmuskels, welche sich auf die Armkinematik auswirkt, indem der Arm besser in der Sollposition gehalten wird. Bei $\kappa_l = 0,2$ kann nicht mehr von einem geregelten Verhalten gesprochen werden. Diese hohen Schwingungen von +60° und -50° um die Ursprungslage sind eher auf die elastischen Eigenschaften des Muskels sowie des Ellenbogenligaments zurückzuführen.

5.2.2   Variation des Regelparameters δ_l

Abbildung 5.5 zeigt den Beugewinkel für die Simulationen mit geändertem δ_l im Bereich von $0,002 \leq \delta_l \leq 0,1$. Es zeigt sich, dass der Arm für alle drei Simulationen aus einer stabilen Lage bewegt wird. Die Simulation mit $\delta_l = 0,002$ zeigt zu Beginn eine Abwärtsbewegung um ca. 5°, bis die nötige Muskelkraft im *Biceps brachii* erzeugt und die stabile Lage erreicht wird. In dieser Simulation erreicht der Arm einen maximalen Beugewinkel von 109° nach dem Einleiten der externen Kraft. Bei der Simulation mit $\delta_l = 0,03$ ist eine Abwärtsbewegung um ca. 1° zu sehen. Der maximale Beugewinkel infolge der externen Kraft beträgt 99°. Die Simulation mit $\delta_l = 0,1$ weist die geringste Auslenkung mit 96° auf. Anders als in den Simulationen mit $\delta_l = 0,002$ und $\delta_l = 0,03$ wird der Arm in dieser Simulation schon zu Beginn angehoben.

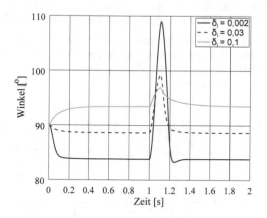

Abbildung 5.5: Vereinfachtes Armmodell, Winkelverlauf bei Variation von δ_l ($\kappa_l = 1,0$, $\sigma_l = 40$ 1/s)

Abbildung 5.6 zeigt die Aktivierungslevel für den *Biceps brachii* (links) und den *Triceps brachii* (rechts). Es ist zu sehen, dass sich bei den Simulationen mit $\delta_l = 0,002$ und $\delta_l = 0,03$ eine anfängliche Aktivierung des *Biceps brachii* von unter 0,1 einstellt, während sich für die Simulation mit $\delta_l = 0,1$ ein Aktivierungslevel des *Biceps brachii* von 0,4 schon zum Zeitpunkt t = 0 s einstellt. Die Aktivierung des *Triceps brachii* liegt für die Simulation mit $\delta_l = 0,002$ mit ca. 0,015 bis zur externen Krafteinleitung niedrig.

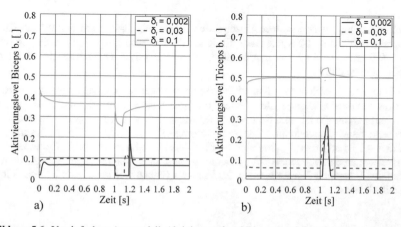

Abbildung 5.6: Vereinfachtes Armmodell, Aktivierungslevel Biceps brachii a) und Triceps brachii b) bei Variation von δ_l ($\kappa_l = 1,0$, $\sigma_l = 40$ 1/s)

Bei den Simulationen mit $\delta_l = 0,002$ und $\delta_l = 0,03$ stellen sich nach t = 1 Sekunde annähernd gleich große Aktivierungen des *Triceps brachii* von ca. 0,22 ein. In der Simulation mit $\delta_l = 0,1$ ist zunächst eine Aktivierung des *Triceps brachii* von ca. 0,5 zu sehen, welche infolge der Bewegung bei t = 1 s keine signifikante Erhöhung mehr vorweist.

Die Muskelkräfte für den *Biceps brachii* und den *Triceps brachii* sind in Abbildung 5.7a und Abbildung 5.7b dargestellt. Sie korrespondieren mit dem Verlauf der Muskelaktivierung. Die Kräfte im *Biceps brachii* in den Fällen $\delta_l = 0,002$ und $\delta_l = 0,03$ liegen in etwa bei 50 N zu Beginn. In dem Fall mit $\delta_l = 0,1$ liegt die Kraft im *Biceps brachii* zu Beginn bei 250 N.

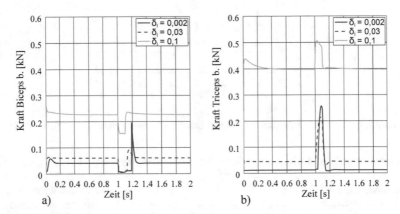

Abbildung 5.7: Vereinfachtes Armmodell, Kräfte im Biceps brachii a) und Triceps brachii b) bei Variation von δ_l ($\kappa_l = 1,0$, $\sigma_l = 40$ 1/s)

Bei den Kräften im *Triceps brachii* zeigt sich bei der Simulation mit $\delta_l = 0,1$ ein Kraftanstieg von 400 N auf 500 N nach dem Einleiten der externen Kraft. Bei der Simulation mit $\delta_l = 0,002$ ist bis t = 1 s kaum eine Muskelkraft auszumachen. Danach zeigt sich ein Kraftmaximum von 250 N.

Der Parameter δ_l, welcher zur Koaktivierung des Muskelelements herangezogen wird, skaliert die Sollmuskellänge λ_l. Der Regler berechnet hiermit eine Stimulation schon zu Beginn, auch wenn die Ist- und Solllängen des Muskels in der Ausgangskonfiguration identisch sind. Es wird angenommen, dass die Sollmuskellänge λ_l um den Faktor δ_l verkürzt sei. Bei $\delta_l = 0.1$ ist schon zu Beginn eine erhöhte Muskelaktivierung von 0,4 bzw. 0,5 in den Muskelelementen zu sehen, welche zu einer wesentlichen Versteifung des Arms führt. Der Parameter δ_l kann zur Voraktivierung des Muskels genutzt werden, die eine Versteifung des Modells bewirkt.

5.2.3 Variation des Regelparameters σ_l

Abbildung 5.8 zeigt den Beugewinkel für die Simulationen mit geänderten σ_l im Bereich von 10 1/s $\leq \sigma_l \leq$ 160 1/s. Es zeigt sich, dass sich der Arm in allen drei Simulationen zunächst um 5° nach unten bewegt. Bei der Simulation mit σ_l = 10 1/s tritt ein maximaler Beugewinkel von 118° nach dem Einleiten der externen Kraft auf. In dieser Simulation ist ein schnelles Erreichen des 85°-Plateaus mit leichtem Überschwingen zu erkennen. Die Schwingung tritt auch beim Einregeln der Sollposition nach dem Wegfall der externen Kraft auf. Bei der Simulation mit σ_l = 40 1/s sind kaum Schwingungen in der Kinematik zu erkennen. Der Arm erreicht einen maximalen Beugewinkel von 109° nach der externen Krafteinleitung. In der Simulation mit σ_l = 160 1/s ist eine langsamere Abwärtsbewegung des Arms im Vergleich zu den Simulationen mit σ_l = 40 1/s und σ_l = 10 1/s deutlich zu erkennen. Der Arm erreicht den Winkel von 85° nach t = 0,6 s, d.h. ca. 0,5 s später als in der Simulation mit σ_l = 40 1/s. Der maximale Beugewinkel in der Simulation mit σ_l = 160 1/s beträgt 98°.

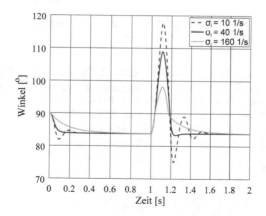

Abbildung 5.8: Vereinfachtes Armmodell, Winkelverlauf bei Variation von σ_l (κ_l = 1,0, δ_l = 0,002)

Abbildung 5.9 zeigt die Aktivierungslevel für den *Biceps brachii* (links) und den *Triceps brachii* (rechts). Signifikant ist das oszillierende Verhalten der Simulation mit σ_l = 10 1/s. Es zeigt sich, dass sich für die Simulation mit σ_l = 10 1/s höhere *Biceps brachii*-Aktivierungslevel einstellen als mit den Simulationen σ_l = 40 1/s oder σ_l = 160 1/s.

Bei dem *Triceps brachii* ist zu erkennen, dass die Simulation mit σ_l = 160 1/s den höchsten Aktivierungslevel aufweist. Die höhere Aktivierung des *Triceps brachii* mit der Simulation σ_l = 160 1/s führt zu einer besseren Stabilisierung des Arms nach dem Einleiten der externen Kraft.

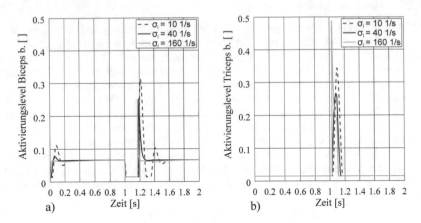

Abbildung 5.9: Vereinfachtes Armmodell, Aktivierungslevel Biceps brachii a) und Triceps brachii b) bei Variation von σ_l ($\kappa_l = 1{,}0$, $\delta_l = 0{,}002$)

Die Muskelkräfte für den *Biceps brachii* (links) und den *Triceps brachii* (rechts) sind in Abbildung 5.10 dargestellt. Die Kräfte im *Biceps brachii* liegen in allen drei Simulationen bei ca. 50 N zu Beginn und steigen dann auf etwa 200 N. Bei den Kräften im *Triceps brachii* zeigt sich bei der Simulation mit $\sigma_l = 160$ 1/s ein Kraftanstieg von auf ca. 500 N. Sowohl für den *Biceps brachii* als auch den für den *Triceps brachii* zeigt die Simulation mit $\sigma_l = 10$ 1/s größere Muskelkräfte im Vergleich zu der Simulation mit $\sigma_l = 40$ 1/s. In der Simulation mit $\sigma_l = 40$ 1/s fallen die Kraftmaxima geringer aus, jedoch erfolgt der Zeitpunkt der Aktivierung früher.

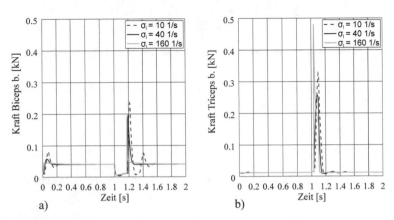

Abbildung 5.10: Vereinfachtes Armmodell, Kräfte im Biceps brachii a) und Triceps brachii b) bei Variation von σ_l ($\kappa_l = 1{,}0$, $\delta_l = 0{,}002$)

Der Parameter σ_l skaliert die Muskelgeschwindigkeit v_{ce} bei der Berechnung der Stimulation s_l. Dies führt bei gleicher Muskeldeformation zu einer höheren Aktivierung. Somit reagieren die Regelung bzw. die Muskelelemente früher auf die Beschleunigung des Arms mit entsprechenden Muskelkräften.

Die Sensitivität von σ_l hat in dem untersuchten Bereich keinen signifikanten Einfluss auf die Höhe des Aktivierungslevels. Der Parameter zeigt jedoch eine dämpfende Wirkung auf die Aktivierungslevel, welcher sich in der Kinematik mit geringerer Oszillation des Arms auswirkt.

5.3 Zusammenfassung

Die Einflussanalyse zeigt, dass sich das Modellverhalten durch die Variation der Parameter der λ-Regelung beeinflussen lässt. Die Parameter κ_l und δ_l haben einen signifikanten Einfluss auf die Aktivierungsmaxima und das zeitliche Ansprechen der Regelung. Mit dem Parameterbereich von $0,2 < \kappa_l < 5$ ergibt sich ein Aktivierungslevelbereich des *Biceps brachii* nach der Krafteinleitung zwischen 0,18 und 0,58. Ebenso zeigt sich mit höherem κ_l ein schnelleres Ansprechen der Aktivierung nach der Krafteinleitung um 0,2 Sekunden. Die Variation von δ_l im Bereich von 0,002 bis 0,1 führte zu einem Muskelaktivierungslevelbereich des *Biceps brachii* zwischen 0,05 und 0,25. Anders als der Parameter κ_l, wirkt sich δ_l auch auf die Aktivierung in der Ruhelage aus. Der Parameter σ_l hat keinen wesentlichen Einfluss auf die Höhe des Aktivierungslevels, verändert jedoch den Verlauf der Aktivierung und reduziert Oszillationen.

Die Variation von κ_l von 1 auf 5 zeigte eine Abnahme der Armkinematik um 16°. Die Erhöhung von δ_l von 0,002 auf 0,1 ergibt eine Reduzierung der Armkinematik um 13°. Die Variation des Regelparameters σ_l von 40 1/s auf 160 1/s, führte zu einer Reduzierung des maximalen Beugewinkels um 10°.

Aus der Studie lässt sich aufzeigen, dass sich die Anpassung der Parameter κ_l und σ_l zu höheren Werten für ein schnelleres Ansprechverhalten von Muskelmodellen empfiehlt. Sollen höhere Muskelaktivierungen infolge einer externen Kraft erzeugt werden, empfiehlt es sich, den Parameter κ_l zu erhöhen. Soll dem Modell eine Vorversteifung infolge einer Kokontraktion implementiert werden, so ist der Parameter δ_l zu erhöhen.

6 Untersuchung der Armkinematik

Zur Bewertung der Funktionalität eines reaktiven Armmodells auf Basis der Integration der λ-Regelung und des *THUMS v3*-Menschmodells wurden im Rahmen dieser Arbeit Arm-halte- und Armbeugesimulationen durchgeführt und mit Versuchsdaten sowie Literaturda-ten abgeglichen. In Kapitel 6.1 wird auf die Armkinematik-Versuche eingegangen, die als Validierungsgrundlage für das Simulationsmodell herangezogen wurden. In Kapitel 6.2 wird auf die FE-Armmodellierung eingegangen. Auf die Erweiterung der λ-Regelung zur Simulation von geplanten Armbewegungen wird in Kapitel 6.3 eingegangen. In Kapitel 6.4 wird auf den Vergleich zwischen Versuch und Simulation der Armkinematik eingegangen und die Grenzen der Modellierung werden aufgezeigt.

6.1 Versuchsaufbau zur Untersuchung der Armkinematik

Im Rahmen dieser Arbeit wurden Armkinematikversuche in Kooperation mit *Biomotion Solutions* durchgeführt, bei denen Probanden angewiesen wurden, mit dem rechten Arm unterschiedliche Hantelmassen in einer Position zu halten bzw. von einer Position in eine andere zu heben. Der rechte Arm des Probanden befindet sich in Ruhestellung auf seinem Oberschenkel. Hiervon ausgehend war beim ersten Lastfall die Anweisung, den Arm in die 90° Beugewinkelposition zu bringen und zu halten. Im zweiten Lastfall war die Anweisung, den Arm von 90° auf 110° anzuheben. Beide Lastfälle wurden getrennt voneinander be-trachtet und ausgewertet. Pro Lastfall und Zusatzmasse wurden drei Wiederholungen durch-geführt. Bei der Halteaufgabe betrug die Haltedauer fünf Sekunden. Tabelle 6.1 zeigt die Versuchskonfigurationen der Armkinematikversuche.

Tabelle 6.1: Versuchskonfigurationen der Armkinematikversuche

Lastfall	Aufgabe	Zusatzmassen [kg]	Wieder-ho-lungen	Haltedauer [s]
Halten	Halten bei 90° und able-gen (A1)	0–5	3	5
Anheben	Anheben von 90° auf 110° - Halten auf 90 (A2)	0–5	3	5

Bei den Probanden handelt es sich um sportliche Personen, deren Anthropometrie im Be-reich des 50%-Mannes bzw. des HIII 50%-Dummys liegen. Dieser repräsentiert einen durchschnittlichen Mann mittleren Alters, dessen Körpergröße 1,75 m und Körpermasse 78 kg misst. Tabelle 6.2 zeigt die Abmessungen der Probanden und die prozentuale Abwei-chung der Körpergröße und –masse relativ zu denen des HIII 50%-Dummys.

© Springer Fachmedien Wiesbaden GmbH 2018
E. Yigit, *Reaktives FE-Menschmodell im Insassenschutz*,
AutoUni – Schriftenreihe 114, https://doi.org/10.1007/978-3-658-21226-1_6

Tabelle 6.2: Probandenabmessungen der Armkinematikversuche

Proband	Körpergröße [m]	Körpermasse [kg]	Delta Masse zu HIII 50%-Dummy [%]	Delta Größe zu HIII 50%-Dummy [%]
1	1,85	86	8,1	5,4
2	1,82	85	7,1	3,9
3	1,85	70	-12,9	5,4
4	1,77	71	-11,2	1,1
5	1,82	78	-1,2	3,8
6	1,90	82	3,7	7,9
7	1,79	77	-2,6	2,2
8	1,90	87	9,2	7,9
9	1,78	88	10,2	1,7

Es galt, die Aufgabe nur durch die Bewegung des Unterarms zu absolvieren, sodass kaum Rotationsbewegungen zwischen Oberarm und Schulter auftraten, wodurch fast ausschließlich *Biceps brachii* und *Triceps brachii* kontrahieren und der Einfluss anderer Muskelgruppen vernachlässigt werden kann, siehe Abbildung 6.1

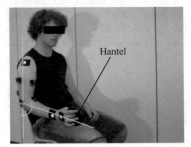

Beugewinkel 90°   Beugewinkel 110°

Abbildung 6.1: Halte- und Anhebephase eines Probanden

Zur Analyse der Bewegungskinematik wurden das Tracking-Verfahren Motion Capture (MC) zur Bewegungserfassung verwendet, bei dem eine Hochgeschwindigkeitskamera (Photonfocus, GigE) die Probandenkinematik mittels reflektierender MC-Marker erfasst und mit Hilfe einer Auswertesoftware die Bewegungstrajektorien erstellt werden. Des Weiteren wurden mit Hilfe von Oberflächenelektroden auf der Haut der Probanden Elektromyografiemessungen durchgeführt, um daraus die Muskelaktivität abzuleiten. Vor der Durchführung der genannten Lastfälle wurde für jeden Probanden die MVC gemessen, indem eine isometrische maximale Muskelanspannung des Probanden ermittelt wurde, siehe Abbildung 6.2.

Zur Ermittlung des MVC sind die Probanden instruiert worden, den rechten Arm mit maxi-maler Kraft gegen den Widerstand der linken Hand zu drücken. Sowohl Beugung als auch Streckung sind durchgeführt worden, um die MVC für *Biceps brachii* und *Triceps brachii* zu ermitteln. Es wurden MVC-normierte EMG-Signale ermittelt, die als Vergleichsdaten-basis für Simulationen herangezogen wurden.

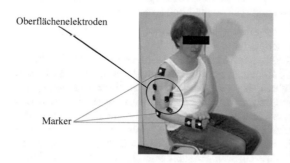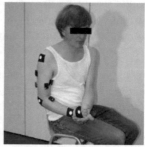

Abbildung 6.2: Durchführung der MVC-Bestimmung an Probanden

Bei der Beurteilung der Güte der EMG-Messungen zeigt sich erst bei höheren Zusatzmas-sen (ab 2,5 kg) ein signifikanter Unterschied der EMG-Signale. Ziel dieser Untersuchung ist neben der Abbildung der Bewegungsmuster auch die Bestimmung gemittelter EMG-Signale, um beide Ergebnisse mit der Simulation zu vergleichen.

6.1.1 Auswertung der Versuchsdaten

Abbildung 6.3 zeigt die Muskelaktivierungslevel aus der EMG-Messung eines Probanden am Beispiel des Lastfalls ‚Halten in 90°‘ für den *Biceps brachii* und den *Triceps brachii*.

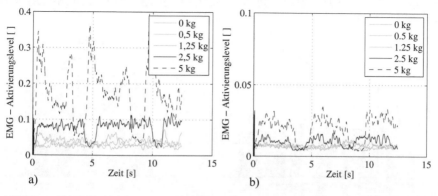

Abbildung 6.3: EMG-Aktivierungslevel bei einem Probanden beim Lastfall ‚Halten in 90°-Position‘ mit unterschiedlichen Zusatzmassen, Biceps brachii caput longum a), Triceps brachii caput longum b)

Für die höheren Zusatzmassen sind die Phasen von Halten, Anheben und Ablegen deutlich erkennbar und decken sich mit dem Bewegungsverlauf. Bei den geringeren Zusatzmassen sind lediglich Rauschmuster zu erkennen, die sich kaum unterscheiden oder sich dem Bewegungsmuster zuordnen lassen. Diese Versuchskonfigurationen sind für den simulativen Abgleich nur bedingt geeignet. Tendenziell zeigen die EMG-Signale des *Triceps brachii* kaum signifikante Unterschiede zwischen Halte- und Ablegephasen und liegen insgesamt unter einem Muskelaktivierungslevel von 0,05, siehe Abbildung 6.3b.

Zu erklären ist dies dadurch, dass Beugebewegungen bewusst ausgeführt werden und es somit zu einer kontrollierten und stetigen Änderung der Muskelaktivierung kommt. Das Ablegen wird hingegen nicht kontrolliert durchgeführt. Bei einigen Probanden ist ein Unterschied zwischen der Anhebe- und Haltephase nur für den 5 kg-Lastfall zu sehen. Dies ist auf die Kokontraktion zurückzuführen, bei der sich eine gleichzeitige Aktivierung des *Biceps brachii* als auch des *Triceps brachii* einstellt, um den Arm zu stabilisieren. Eine signifikante Erhöhung des *Triceps brachii*-EMG-Signals von 0,1 konnte nur bei einem Probanden festgestellt werden. Für einige Probanden war das Messsignal insgesamt unzureichend und wurde in dieser Studie nicht weiter betrachtet. Dies könnte auf den Anteil des Unterhautfettgewebes zurückzuführen sein, welches die EMG-Signale stark beeinflussen kann, siehe z.B. De Luca (1997). Für den Vergleich mit der Simulation der Bewegungen wurden alle Lastfälle und EMG-Daten ausgewertet und diejenigen Daten nicht berücksichtigt, die keine Aussagekraft aufgrund des Rauschens bieten. Des Weiteren wurden Bewegungsmuster analysiert und eine Clusterung dieser durchgeführt, um für jeden Lastfall signifikant unterschiedliche Verläufe für den Vergleich heranzuziehen. Ziel ist es, unterschiedliche Bewegungsmuster simulativ abzubilden und personalisierte Muskelaktivierungen über die Regelparameter einzustellen. Des Weiteren werden die Grenzen der simulierten Muskelaktivierung aufgezeigt.

6.1.2   Betrachtung der Versuchsergebnisse

Abbildung 6.4a zeigt die Armbeugewinkel der Probanden für den Lastfall ‚Halten in 90°‘. In Abbildung 6.4b sind die Armbeugewinkel der Probanden für den Lastfall ‚Anheben von 90° auf 110°‘ aufgezeigt.

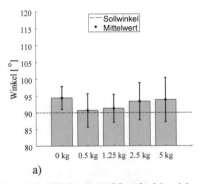
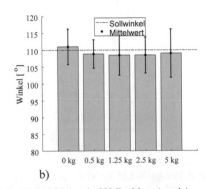

a)   b)

Abbildung 6.4: Mittelwerte und Standardabweichung der Winkel, Halten in 90°-Position a) und Anheben von 90° auf 110° b)

Es zeigt sich eine große Streuung der Haltewinkel zwischen den Probanden. Die Mittelwerte der Haltewinkel sind bei einigen Lastfällen nahe an dem Sollwert. Trotzdem führen das Fehlen der Winkelkontrolle bzw. eine unzureichende Randbedingung bei den meisten Fällen zu einer Standardabweichung von ca. +/- 5 %.

Abbildung 6.5 zeigt die Muskelaktivierungslevel der Probanden für den Lastfall ‚Halten in 90°' für die Muskeln *Biceps brachii caput longum* und *Triceps brachii caput longum*. Mit steigender Hantelmasse nehmen die Biceps Aktivierungslevels der Probanden von ca. 0,05 auf ca. 0,6 zu. Für den Triceps ist keine signifikante Änderung der Muskelaktivität mit steigender Hantelmasse auszumachen.

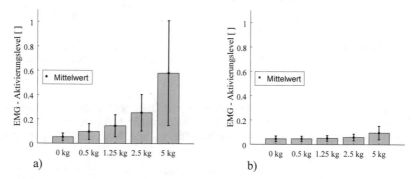

Abbildung 6.5: Mittelwerte und Standardabweichung der gemessenen EMG-Signale Biceps brachii caput longum a) und Triceps brachii caput longum b)

6.1.3 Vorgehensweise bei der Verwendung der Versuchsdaten

Abbildung 6.6a zeigt beispielhaft die Armkinematik eines Probanden bei wiederholter Ausführung der Armhalteaufgabe. Zur Synchronisation der Versuchsdaten wurden die Daten geclustert und die Breite des Zeitfensters durch den Beginn des Anhebens und des Erreichens der Zielposition bzw. in der Position ‚Halten' definiert. Abbildung 6.6b zeigt die Armkinematik von 9 Probanden bei einer Ausführung der Armhalteaufgabe. Es wurde ein Zeitfenster von einer Sekunde gewählt, da eine ausreichende Anzahl von Probanden diesen Zeitkorridor zur Ausführung der Halteaufgabe einhielten.

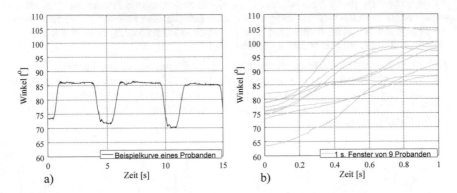

Abbildung 6.6: Armkinematik eines Probanden beim Lastfall ‚Halten in 90°-Position' bei drei Wiederholungen a), Armkinematik von 9 Probanden (1. Wiederholung) in dem Zeitfenster
von 1 s b)

Bei der Probandenauswahl und Kategorisierung der Daten sind zunächst die Daten der neun
Probanden herangezogen worden. Abbildung 6.7 zeigt die Armkinematik über der Zeit für
die Probanden in einer Versuchskonfiguration (Halten in 90°-Position, 2,5 kg, erste Wiederholung).

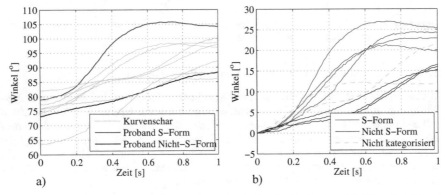

Abbildung 6.7: Betrachtung der Anhebeverläufe aller Probanden für den Lastfall ‚Halten in 90°-Posi-
tion' mit 2,5 kg Zusatzmasse, Absoluter Winkelverlauf a) und Markierung der ausge-
wählten Probanden (rot/schwarz), Relativer Winkelverlauf b) (unabhängig von Ausgangslage) und Kategorisierung der Verläufe in S-Form, Nicht S-Form und ohne Kategorie. Die farblich markierten Kurven in a) entsprechen jeweils einem Probanden
aus den in b) gezeigten Gruppen

Um die in Abbildung 6.7 gezeigten Verläufe besser miteinander vergleichen zu können,
wurden diese auf den Ausgangswinkel normiert (Startwinkel 0°). Hier soll auf die Bewegungsmuster eingegangen und gezeigt werden, nach welchem Kriterium die Auswahl der

Daten zum Vergleich mit der Simulation erfolgte. Anhand der Verläufe lassen sich zwei unterschiedliche Bewegungsmuster erkennen, ein S-förmiger und ein nicht S-förmiger Verlauf. In einer Studie von Natarajan et al. (2012) sind diese unterschiedlichen Armbewegungen ebenfalls aufgezeigt worden. Bei der Probandenwahl wurden jeweils ein S-förmiger und ein nicht S-förmiger Verlauf herangezogen. Wie in Abbildung 6.7 zu sehen, weisen die nicht S-förmigen Verläufe geringere Winkelgeschwindigkeit auf. Neben dem Kriterium des Bewegungsmusters kann somit auch die Winkelgeschwindigkeit als Kriterium herangezogen werden.

Die wesentlichen Merkmale (Form und Winkelgeschwindigkeit) der Kinematik sind mit Hilfe dieser Clusterung abgedeckt und dienen als relevante Stützstellen bei der Simulation. Hiermit kann eine Bewertung dazu durchgeführt werden, ob das Simulationsmodell die verschiedenen Bewegungen abbilden kann und wo die Grenzen des Modells liegen. Abbildung 6.7 zeigt die Auswahl der Versuchsdaten (rot und schwarz), welche als Vergleichsdatenbasis für die Simulation in dieser Arbeit herangezogen wurden. Die getroffene Auswahl wurde anhand der Betrachtung der Qualität der EMG-Daten durchgeführt. Wie schon zuvor erwähnt, ist die Unterscheidung der Phasen in den EMG-Signalen nur für die Versuche mit Zusatzmassen von 2,5 kg und 5 kg eindeutig. Bei natürlichen Bewegungen, bei denen die bewegten Massen gering sind (Arme, Füße), fallen die EMG-Signale sehr gering aus (Natarajan et al., 2012) und eine eindeutige Unterscheidung der Phasen anhand der EMG-Signale ist schwierig.

Abbildung 6.8 zeigt einen Winkelverlauf und ein EMG-Signal über die Zeit. Hierbei handelt es sich um den EMG-Verlauf des *Biceps brachii caput longum* des Probanden 9 bei der Versuchsdurchführung ‚Halten bei 90° mit 5 kg‘. Es soll der Zusammenhang des EMG-Signalanstiegs mit dem Beginn einer Bewegung aufgezeigt werden.

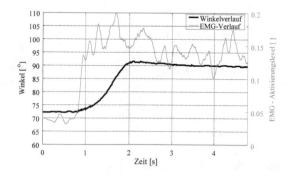

Abbildung 6.8: Korrelation des Bewegungsbeginns und des EMG-Signals eines Probanden für den Lastfall ‚Halten in 90°-Position

Es wird ein Zeitbereich von fünf Sekunden betrachtet. Diese Zeitdauer beinhaltet das Halten in der Ausgangslage (abgelegter Arm) sowie das Anheben und das Halten in der Endposition. Auf der linken Y-Achse ist der Beugewinkel aufgetragen, während auf der rechten Y-Achse der normierte EMG-Wert aufgetragen ist. In der Ausgangslage ist bis zum Zeitpunkt t = 0,8 s ein EMG-Signal von ca. 0,04 zu sehen. Danach steigt das EMG-Signal auf zunächst

0,15 und im weiteren Verlauf schließlich bis auf 0,2 an. Eine eindeutige zeitliche Verzögerung zwischen dem Anstieg des EMG-Signals und der Bewegung ist ersichtlich und plau-
sibel. Das Erfassen des Summen-Aktionspotentials mit Hilfe der EMG ist wesentlich
schneller als die danach ausgeführte Bewegung. Ebenso ist das Erreichen des Plateaus in
den EMG-Signalen zum Zeitpunkt t = 2 s ersichtlich. Des Weiteren kann mittels der Darstellung in Abbildung 6.8 gezeigt werden, dass die Muskelaktivierung beim Anheben im
Vergleich zur Haltephase nach ca. t = 2 s höher ausfällt.

6.2 Modellaufbau zur Untersuchung der Armkinematik

Das in dieser Arbeit verwendete Armmodell ist aus dem *THUMS v3* isoliert worden. Es
wurden 12 Hill-type-Muskelelemente hinzugefügt, welche die relevanten Muskelgruppen
für die Beugung und Streckung abbilden (Schiebler, 2005). Die für die Armbeugung relevanten Muskeln sind in Tabelle 6.3 dargestellt.

Tabelle 6.3: Abgebildete Muskeln im komplexen FE-Armmodell

Muskel	Ursprung	Ansatz	Funktion
Musculus Biceps brachii	Schulterblatt/Raben-schnabelfortsatz des Schulterblatts	Speiche/Lacertus fibrosus an der Elle	u.a. Beugung Ellen-bogen
Musculus brachialis	Vorderfläche des Oberarmknochens	Vorderfläche der Elle	Beugung Ellenbo-gen
Musculus brachio-radialis	Äußerer Rand des Oberarmknochens	Speiche	u.a. Beugung Ellen-bogen
Musculus pronator teres	Oberarmknochen	Mitte der Außen-seite der Speiche	u.a. Beugung Ellen-bogen
Musculus extensor carpi radialis lon-gus	Oberarmknochen	Mittelhandknochen	u.a. Beugung Ellen-bogen
Musculus Triceps brachii	Schulterblatt/Ober-armknochen	Elle	u.a. Streckung El-lenbogen

Die Anbindungspunkte der Muskeln im Modell sind an Anlehnung an die Arbeit von Östh
et al. (2012b) gewählt. Der *Musculus Biceps brachii* verläuft vom Schulterblatt zur Speiche
und überspannt dabei das Ellenbogengelenk. Die beiden Muskelköpfe (langer und kurzer)
des *Musculus Biceps brachii* sind mit je einem Hill-type-Element abgebildet. Unterhalb des
Muskels befindet sich der *Musculus brachialis*. Aufgrund des breiten Muskelansatzes am
Oberarmknochen wurde er mit zwei Hill-type-Elementen modelliert. Der *Musculus brachioradialis* zieht vom äußeren Rand des Oberarms an der Speichenseite des Unterarms entlang bis zum handseitigen Ende der Speiche. Der *Musculus pronator teres* hat einen ähnlichen Verlauf, wirkt sich jedoch geringer auf eine Beugung des Ellenbogens aus. Beide Muskeln wurden jeweils mit einem Hill-type-Element modelliert. Der *Musculus extensor carpi*

radialis longus ist ein Handstrecker-Muskel, der jedoch auch anteilig an der Beugung des Ellenbogens beteiligt ist. Er verläuft vom Oberarmknochen entlang des Unterarms bis zum Mittelhandknochen. Abbildung 6.9a zeigt das FE-Armmodell und Abbildung 6.9b die prinzipielle Stellung der Probanden bei den Armkinematikversuchen.

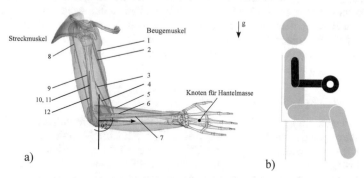

a)

b)

Abbildung 6.9: Modellaufbau des Arms, Hill-type-Muskelelemente, *Beugemuskeln:* 1. Biceps brachii caput longum (langer Kopf), 2. Biceps brachii caput breve (kurzer Kopf), 3. Brachialis 1, 4. Brachialis 2, 5. Brachioradialis, 6. Pronator teres, 7. Extensor carpi radialis longus; *Streckmuskeln:* 8. Triceps brachii caput longum (langer Kopf), 9. Triceps brachii caput laterale (seitlicher Kopf), 10. Triceps brachii caput mediale 1 (mittlerer Kopf), 11. Triceps brachii caput mediale 2 (mittlerer Kopf), 12. Triceps brachii caput mediale 3 (mittlerer Kopf) a); Prinzipielle Stellung der Probanden bei den Armkinematikversuchen b)

Der *Musculus Triceps brachii* ist für die Streckung des Ellenbogens verantwortlich. Dieser Muskel enthält drei Muskelköpfe (langer, mittlerer, seitlicher Kopf). Modelliert wurden der lange Kopf (Ursprung Schulterblatt) sowie der seitliche Kopf (Ursprung oberer Humerus) mit jeweils einem Hill-type-Element. Der mittlere Kopf wurde mittels 3 Hill-type-Elementen modelliert. Anatomisch betrachtet umspannt der *Musculus Triceps brachii* das Ellenbogengelenk mit einer Sehne. Eine Krümmung der Muskelelemente mithilfe von 1D-Elementen lässt sich jedoch nicht abbilden. Um die Hebelwirkung des *Triceps brachii* (Nr. 9–12) dennoch sicherzustellen, war eine künstliche Verlängerung des Olekranon (Oberkante der Elle am Unterarm) in Ellenlängsachse über einen Starrkörper erforderlich.

Hayes und Hatze (1977) untersuchten den Einfluss des Beuge- und Streckwinkels des Arms männlicher Probanden auf die sich einstellenden Drehmomente im Ellenbogen. Der Fokus lag auf der Untersuchung des Einflusses der passiven Muskeln sowie des Ellenbogens umspannenden Weichgewebes. Sie zeigten, dass sich in der neutralen Lage des Arms (ca. 90° Beugewinkel) ein Drehmoment von ca. 0 Nm einstellt.

Die neutrale Lage des Simulationsmodells ist bei 92° definiert (Ausgangslage). Die seitliche Führung des Ellenbogens wird über steife Kollateralbänder (*Ligamentum collaterale ulnare, Ligamentum collaterale radiale, Ligamentum anulare radii*) gewährleistet. Bänder und umliegendes Weichgewebe sind in der Ausgangslage im FE-Modell abgebildet. Für diese Arbeit war eine Umpositionierung des Armes nicht notwendig. Vorab wurde eine Untersuchung der Drehmomente im Ellenbogen bei Variation des Armwinkels durchgeführt. Das Armmodell zeigt bei einem Moment <1 Nm eine Auslenkung. Es ist somit sichergestellt, dass infolge der Weichgewebs- und passiven Muskelsteifigkeit keine zu hohen Steifigkeiten im Ellenbogengelenk wirken. Das Simulationsmodell zeigte eine Erhöhung des Ellenbogen-Drehmoments bei entsprechender Dehnung der Ellenbogenbänder. Bedingt durch die FE-Modellierung sind die Steifigkeiten der Bänder hauptverantwortlich für das Ansteigen des Drehmoments. Die Drehmomente im Ellenbogen erreichen bei 120° (Beugung) und 70° (Streckung) jeweils Werte von +/- 4 Nm.

6.2.1   Lastfalldefinitionen Arm-Modell

Die Abbildung 6.9 zeigt die schematische Darstellung des Versuchsaufbaus. Zur Simulation von Armbewegungen wurde das Armmodell isoliert betrachtet. Aus den Versuchen konnte gezeigt werden, dass die Bewegung der Schulter vernachlässigt werden kann, da die Probanden instruiert wurden, die Bewegungen ausschließlich mittels Ellenbogenbeugung auszuführen. Daher wurde das Schulterblatt des Armmodells als Starrkörper modelliert und in seinen sechs Freiheitsgraden fixiert. Somit sind Beuge- und Streckbewegungen des Arms um das Ellenbogengelenk möglich. Dem Simulationsmodell wurde eine Beschleunigung von g = 9.81 m/s² (Gravitation) aufgeprägt. Die Abbildung der Hantelmassen wurde mittels einer künstlichen Zusatzmasse an einem Starrkörper-Knoten im Mittelhandbereich aufgeprägt.

6.2.2   Muskelparameter

Die maximale Muskelkraft F_{M_max} ergibt sich aus dem Produkt des physiologischen Muskelquerschnittes („Physiological cross-sectional area" (PCSA)) und der maximal möglichen Spannung (siehe Kapitel 4.1), welche ein Muskel erzeugen kann. Die maximale spezifische Muskelspannung wurde nach Winters und Stark (1988) mit σ_M = 0,5 MPa als Durchschnitt für alle Muskeln angenommen. Die Bandbreite variiert allgemein von 0,2 bis 1 MPa und ist von der Faserverteilung und -richtung anhängig (Winters und Stark, 1988). Die PCSA-Werte für die im Modell eingesetzten Muskeln, wurden den Daten aus Holzbaur, Murray und Delp (2005) entnommen. Der Wert für die Muskeldämpfung wurde nach Günther, Schmitt und Wank (2007) für alle Muskeln mit c_D = 6 Ns/m vereinfacht angenommen. Alle Hill-type-Parameter wurden aus Östh et al. (2012b) übernommen (siehe Anhang, Tabelle A.1). Die Muskellängen $l_{0\,fib}$ entsprechen denjenigen Muskellängen des Armmodells in der Ausgangslage. Die Parameter der λ-Regelung entsprechen κ_l = 1,0, δ_l = 0,002, σ_l = 40 1/s und m_{act} = 50.

6.2.3   Vergleich des Armmodells mit/ohne Regelung

Der Einfluss der Bänder auf das kinematische Verhalten des Armmodells lässt sich mit einer Simulation ohne Muskelaktivierung untersuchen. Dabei wurde eine Beschleunigung von g = 9.81 m/s² (Gravitation) auf alle Knoten des Modells aufgeprägt. Zum Vergleich wurde zusätzlich das Modell mit der λ-Regelung herangezogen, um die Funktion der Regelung im Hinblick auf das Halten und Stabilisieren zu untersuchen. Abbildung 6.10 zeigt den Vergleich der Armkinematik zwischen dem passiven und dem geregelten Armmodell. In Abbildung 6.11 ist der Winkelverlauf der beiden Simulationen dargestellt. Im geregelten Fall wird der Arm nach einer Winkelauslenkung von 13° in einer stabilen Lage gehalten.

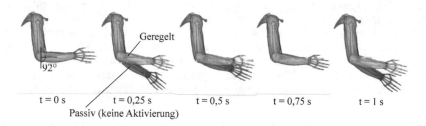

Abbildung 6.10: Kinematik des Armmodels mit 1,25 kg Zusatzmasse, mit und ohne geregelter Muskelaktivierung

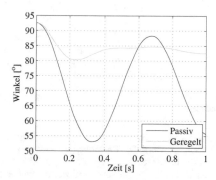

Abbildung 6.11: Winkelverlauf des Armmodels mit 1,25 kg Zusatzmasse. mit und ohne geregelter Muskelaktivierung

Deutlich erkennbar ist, dass der Arm in dem Fall ohne λ-Regelung eine Abwärtsbewegung bis auf den Winkel von 52° erfährt und danach die Steifigkeit der Bänder das weitere Absenken des Unterarms begrenzt. Deutlich zu sehen sind Schwingungen, welche auf die Elastizität der Bänder (Shell Elemente) zurückzuführen sind.

Der Winkelverlauf im geregelten Armmodell zeigt, dass die Funktion der λ-Regelung zur Positionsregelung funktioniert und das Modell nach einer sehr geringen Einschwingphase die Ausgangsposition beibehält. Östh et al. (2012b) verwendeten ein vergleichbares Armmodell zur Verifikation des Reglers. In deren Studie musste jedoch das kontaktbasierte Ellenbogengelenk durch ein kinematisches Kugelgelenk ersetzt werden, um ein Einregeln des Arms innerhalb von 0,5 s zu erreichen.

6.2.4   Einfluss der Masse auf das Reglerverhalten

Zur Untersuchung der Kinematik des Arms wurde analog zum Versuch das Simulationsmodell mit aufgeprägten Massen untersucht. Die Massen variieren von 0.5 kg bis 5 kg. Wie in Kapitel 6.1 beschrieben, werden zwei unterschiedliche Lastfälle definiert: das Halten gegen die Gravitation und den zusätzlichen Hantelmassen sowie das Anheben des Unterarms von 90° auf 110°, nachdem der Arm zunächst 0,2 s passiv ausgelenkt wird. Das passive Auslenken ist notwendig, um beim Anheben des Unterarms in die Startposition (90°) die Muskelaktivierung zu berücksichtigen. Die hier verwendeten Regelparameter entsprechen denen aus Kapitel 6.2.2. Abbildung 6.12 zeigt den Einfluss der Zusatzmassen auf die Armkinematik bei konstanten Regelparametern bei den Lastfällen Halten in 90° Position und Anheben von 90° auf 110°.

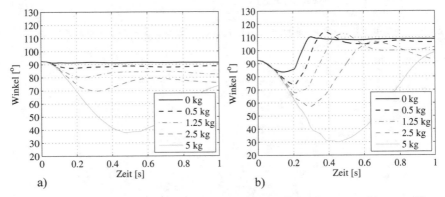

Abbildung 6.12: Veranschaulichung des Regelverhaltens bei Aufbringung externer Massen und konstanten Regelparametern. Die Regelung ist von Beginn der Simulation an aktiv und soll das Modell in seiner Ausgangsposition von 90° halten a). Bis zum Zeitpunkt t = 0, 2 s ist der Regler inaktiv und der Arm wird passiv durch die Massen bewegt. Ab dann erfolgt eine Regelung auf 110° Haltewinkel b).

Da die Regelparameter der λ-Regelung für einen Lastfall ohne Zusatzmasse ausgelegt sind, ist die Aktivierung nicht ausreichend, das Modell in der Position zu halten. So kommt es zunächst zu einer Abwärtsbewegung, welche bei größerer Masse signifikanter ist.

Abbildung 6.12b zeigt den Lastfall Anheben von 90° auf 110°. Der Einfluss steigender Zusatzmassen ist signifikant. Mit steigender Zusatzmasse bis 0,2 s gehen ein schnelleres passives Absinken und ein langsameres Anheben des Armmodells einher. Weiterhin fällt auf, dass der Haltewinkel mit steigender Masse immer weiter abnimmt. Eine Einschränkung des Regleransatzes konnte hiermit identifiziert werden. Der ermittelte Parametersatz hält nur im ursprünglichen Lastfall (ohne Zusatzmasse) den Sollwinkel ein.

Die Betrachtung der Armbewegungen der Probanden zeigte keine Korrelation zwischen den Hantelmassen und dem erreichten maximalen Beugewinkel. Beim Menschen nimmt das ZNS unbewusst Anpassungen der Muskelaktivierung über die Anzahl der aktiven motorischen Einheiten im Muskel vor. Die λ-Regelung enthält hingegen nur über die Auslenkungsgeschwindigkeit der jeweiligen Hill-type-Elemente-Information zur äußeren Belastung.

6.3 Reglererweiterung für geplante Bewegungen

In diesem Kapitel wird auf die Simulation des zweiten Lastfalls (Arm von 90° auf 110° anheben) eingegangen. Abbildung 6.13a zeigt die Beugewinkelverläufe der Probanden für die Anhebeaufgaben. Abbildung 6.13b zeigt die Armkinematik des Simulationsmodells für den Lastfall ohne Zusatzmasse.

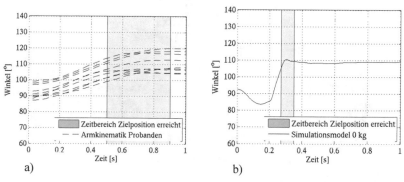

a)   b)

Abbildung 6.13: Anhebedauer bis zum Erreichen der Zielpositionen für Probanden a) und Simulationsmodell ohne Zusatzmasse b)

Das Armmodell wird zunächst 0,2 s passiv ausgelenkt, um anschließend das Anheben des Unterarms in die Startposition (90°) zu berücksichtigen. Beim Anheben der Massen vom Oberschenkel in die 90°-Position findet schon eine Aktivierung der Muskeln der Probanden statt. Es galt, dies ebenfalls zu berücksichtigen.

Bei den Probanden zeigten sich Anhebezeiten von 0,5–0,8 s. Mit der λ-Regelung zeigen die Simulationen zu schnelle Bewegungen. Zudem verlängert die erhöhte Masse die Anhebezeit. Ohne Zusatzmasse wird die Sollposition in der Simulation bereits nach 0,2 s erreicht. Bei den Probanden war kein signifikanter Einfluss der Masse auf den Winkelverlauf zu sehen. Vielmehr variierten die Anhebezeiten bei den Probanden auf Grund individueller Faktoren wie beispielsweise Muskelrekrutierung und Aufmerksamkeitszustand. Die Bewegungen wurden bewusst und kontrolliert durchgeführt. Die Funktion der λ-Regelung ist hingegen mit einer plötzlichen Reaktion auf den wirkenden Reiz zu vergleichen. Dies liegt an der Definition der bisher angewandten Lambda-Regelung, welche die Führungsgröße (λ$_l$) als konstanten Wert berücksichtigt.

Im nächsten Kapitel soll der Einfluss einer zeitlich veränderbaren Führungsgröße untersucht und zudem gezeigt werden, inwieweit geplante Bewegungen der Probanden nachgebildet werden können. Die bisherige Längenregelung ist so konzipiert, dass eine festgelegte Solllänge λ$_l$ für die jeweiligen Hill-type-Elemente definiert wird. Um bewusste Bewegungen abzubilden, bei denen neben dem Erreichen einer Sollposition auch der zeitliche Verlauf berücksichtigt wird, ist ein konstanter Sollwert nicht mehr ausreichend. Vielmehr ist die Definition einer Solltrajektorie notwendig. Diese Trajektorie ist über diskrete Lambda-

Werte definiert. Abbildung 6.14 zeigt die bisherige und die erweiterte λ-Regelung zur Simulation von geplanten Bewegungen.

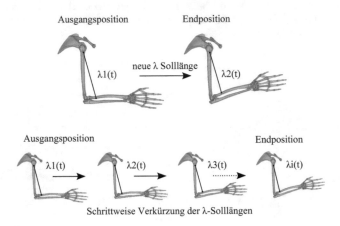

Ausgangsposition   Endposition

λ1(t)   neue λ Solllänge   λ2(t)

Ausgangsposition   Endposition

λ1(t)   λ2(t)   λ3(t)   λi(t)

Schrittweise Verkürzung der λ-Solllängen

Abbildung 6.14: Schrittweise Verkürzung der Solllänge $λ_i$ zur Simulation geplanter Bewegungen

Bei geplanten Bewegungen erstellt das ZNS ein Muster aus Muskelaktivierungen. Antrainierte Bewegungen und der Bedarf an schnellen Bewegungen verschieben dieses Muster, womit unterschiedliche Bewegungsgeschwindigkeiten realisiert werden können. Einen Ansatz zur Simulation von koordinierten Bewegungen über das Abrufen zeitlich veränderlicher λ-Werte zeigten Günther und Ruder (2003). Mit Hilfe der diskreten Trajektorie kann eine Reduzierung der Anhebegeschwindigkeit realisiert werden. In dieser Untersuchung wurde eine konstante Geschwindigkeit von 20 mm/ms vorgesehen. Zur Überprüfung der Validität der Annahme einer konstanten Anhebegeschwindigkeit wurden Vorsimulationen durchgeführt. Das Armmodell wurde hierbei mittels Randbedingungen bewegt und die Längenänderung wurde gemessen. Da eine Armbeugebewegung simuliert werden soll, wurden hier nur diejenigen Muskeln berücksichtigt, die hauptverantwortlich für die Beugebewegung sind. Die Längenänderungen sind in Abbildung 6.15 dargestellt. Es zeigt sich ein annähernd linearer Zusammenhang zwischen dem Beugewinkel des Arms und der Längenänderung der Muskeln.

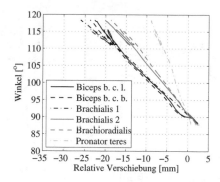

Abbildung 6.15: Arm-Beugewinkel über relative Längenänderung einzelner Muskeln

Die Längenänderungen werden für die beiden sichtbaren Gruppen vereinfacht als gleichwertig angenommen. Für den *Pronator teres* wurde keine diskrete Trajektorie verwendet, da dieser Muskel einen sehr geringen Einfluss auf die Beugung des Arms aufweist und seine Längenänderung vernachlässigbar ist. Abbildung 6.16 zeigt den Vergleich der Armkinematik am Beispiel mit 1,25 kg Zusatzmasse unter Berücksichtigung des ursprünglichen Ansatzes der λ-Regelung sowie des Ansatzes einer schrittweisen Längenänderung mittels λ-Solltrajektorien. Beide Modelle erreichen die gleiche Endposition, während ein langsameres Anheben des Unterarms mit schrittweise steigenden λ-Werten erkennbar ist. Abbildung 6.17 zeigt die Winkelverläufe des Armmodells und die Muskelaktivitätslevel des *Biceps brachii c. b.* sowie des *Brachialis 1* aus den Simulationen mit der bisherigen Reglerdefinition und dem Ansatz mit den λ-Solltrajektorien.

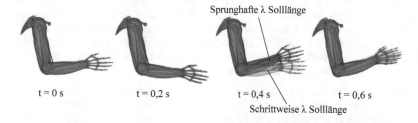

Abbildung 6.16: Armkinematik Vergleich sprunghafter und schrittweiser Soll-Längenänderung am Beispiel mit 1,25 kg Masse

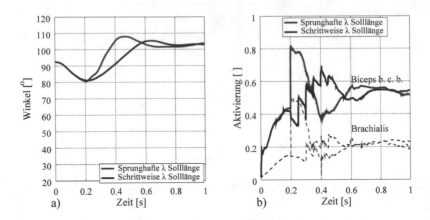

Abbildung 6.17: Vergleich sprunghafter und schrittweiser Längenänderung am Beispiel mit 1,25 kg
Zusatzmasse, Winkelverlauf a), Aktivierungslevel b) am Beispiel des Biceps brachii
c. b. (durchgezogen) und Brachialis 1 (gestrichelt)

Das Armmodell bewegt sich aus seiner Anfangsposition von 92° auf 108° (Sprunghafte
Solllänge) bzw. 105° (Schrittweise Solllänge). Bei der Simulation mit der ursprünglichen
Reglerdefinition ist eine schnellere Bewegung zu erkennen, da die Endsolllänge des Muskels ab t = 0,2 s einen sprunghaften Wechsel erfährt. Bei der erweiterten Reglerdefinition
mittels diskreter Trajektorien wird eine lineare Verkürzung der λ-Werte durchgeführt. In
diesem Beispiellauf wird zwischen t = 0,2 und t = 0,6 s die Länge alle 50 ms schrittweise
verkürzt. Erst nach 0,2 s setzt eine Änderung der Solllänge ein. Diese erfolgt im Fall der
sprunghaften Änderung auf dem Wert der Endsolllänge, während in der Simulation mit diskreten Solllängen zu diesem Zeitpunkt ein Zwischensollwert übergeben wird. Es ist zu erkennen, dass beide Modelle die Sollposition von 110° nicht exakt einhalten, jedoch beide
die gleiche Endposition erreichen. Beim ursprünglichen Regleransatz ist ein starkes Überschwingen zu sehen, dafür erfolgt die Bewegung schneller. Den Winkel von 100° erreichen
die Modelle mit einem Zeitversatz von ca. 0,14 s.

Bis zum Zeitpunkt t = 0,2 s zeigen die Simulationen mit der erweiterten und der ursprünglichen Regelung die gleichen Aktivierungslevel, da in dieser Zeit in beiden Modellen die
gleiche Solllänge λ_l abgegriffen wird. Erst nach diesem Zeitpunkt zeigt sich der signifikante
Unterschied, der sich durch einen sprunghaften Anstieg der Aktivierungen des ursprünglichen Regleransatzes bemerkbar macht. Der *Biceps brachii c. b.* erreicht eine Aktivierung
von ca. 0,8 und der *Brachialis1* von ca. 0,5 mit dem ursprünglichen Regleransatz. Der
sprunghafte Anstieg erklärt sich mit der sprunghaften Änderung der Solllänge. Im Fall der
schrittweisen Solllängenänderung zeigt sich ein Anstieg des Aktivierungslevels bis auf ca.
0,7 für den *Biceps brachii c. b.* und von ca. 0,3 für den *Brachialis 1*. Nach t = 0,6 s erreichen
beide Modelle annähernd gleiche Aktivierungslevel, die auf die gleichen Soll-Muskellän-
gen beider Ansätze zurückzuführen ist.

6.4 Vergleich zwischen Simulation und Versuch der Armkinematik

6.4.1 Betrachtung der Aktivierungslevel

Die statistische Auswertung der Muskelaktivierungslevels in den Halte- und Anhebeaufgaben wird in diesem Kapitel näher betrachtet. Es werden lediglich die für das Halten und Beugen relevanten Muskeln herangezogen. Die aus den Versuchen ermittelten maximalen Aktivierungslevel wurden zu einem Gesamtmittelwert mit Standardabweichung zusammengefasst. Abbildung 6.18 zeigt die gemittelten Aktivierungslevel der Probanden aus den Versuchen im Vergleich zu den Simulationsergebnissen für den Lastfall ‚Halten' für den *Biceps brachii caput longum*, den *Biceps brachii caput breve* und den *Brachioradialis*.

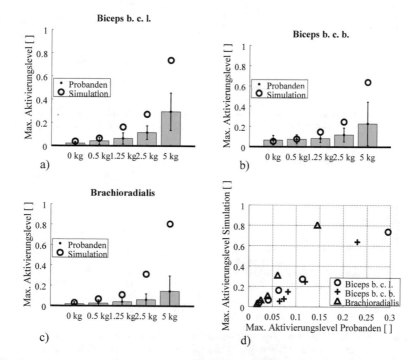

Abbildung 6.18: EMG-Muskelaktivierungen der Probanden und Aktivierungen aus den Simulationen für den Lastfall ‚Halten', Biceps brachii caput longum a), Biceps brachii caput breve b), Brachioradialis c) sowie der Korrelationsanalyse der Muskelaktivierungen zwischen Simulation und Versuch d)

Den Probandendaten ist zu entnehmen, dass die maximalen Aktivierungslevel für die drei betrachteten Muskeln in der gleichen Größenordnung liegen. Dies gilt auch für die Aktivierungslevel aus der Simulation. Bei den Probandendaten zeigt sich, dass mit steigenden Zusatzmassen auch die Aktivierungslevel steigen. Die Zunahme ist bei den Lastfällen ohne

Zusatzmassen und denjenigen bis zu einer Zusatzmasse von 1,25 kg nur sehr gering, während bei den Lastfällen mit 2,5 kg und 5 kg ein signifikanter Anstieg zu erkennen ist. In der Korrelationsanalyse ist kein konstanter Skalierungsfaktor in den Aktivierungslevel zwischen Simulation und Versuch zu erkennen.

Im Folgenden soll auf die Anhebeaufgaben eingegangen werden. Abbildung 6.19 zeigt die gemittelten Aktivierungslevel der Probanden aus dem Versuch im Vergleich zu den Simulationsergebnissen bei den Anhebeaufgaben für den *Biceps brachii caput longum*, den *Biceps brachii caput breve* und den *Brachioradialis*.

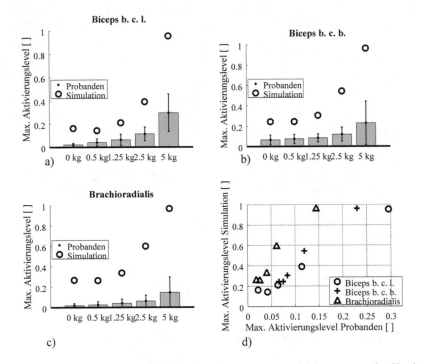

Abbildung 6.19: EMG-Muskelaktivierungsdaten der Probanden und Aktivierungen aus den Simulationen für die Anhebeaufgaben, Biceps brachii caput longum a), Biceps brachii caput breve b), Brachioradialis c) sowie der Korrelationsanalyse der Muskelaktivierungen zwischen Simulation und Versuch d)

Die maximalen Aktivierungslevel der Probanden zeigen bei der Anhebeaufgabe ähnliche Aktivierungslevel wie bei der Halteaufgabe. Die Werte aus den Simulationen weichen stärker von denen aus den Versuchen ab. Das gilt insbesondere für die Variante ohne bzw. mit geringen Zusatzmassen. Eine Ursache für die stärkere Abweichung der Aktivierungslevel bei höheren Massen ist auf die Längenänderung der Muskelelemente zurückzuführen. Die Angabe der optimalen Länge des Muskels definiert diejenige Länge, bei der die maximale Muskelkraft theoretisch abgegriffen werden kann. Bei der Auslenkung aus diesem Bereich verringert sich die theoretische Muskelkraft und der Regler muss dies über die Erhöhung der Muskelaktivität kompensieren. Bei höheren Massen findet eine stärkere Längenänderung hin zur optimalen Länge statt.

Bis auf die Halteaufgaben mit geringen Zusatzmassen zeigen sich beim Vergleich der Muskelaktivität zwischen Versuch und Simulation keine vergleichbaren Werte. Ursächlich hierfür ist, dass das Modell generell zu schwach ausgelegt ist und die maximalen Muskelkräfte in der Hill-type-Definition (Literaturdaten) bzw. die Anordnungen der Hill-type-Elemente geringere Gelenkmomente erzeugen. Dies wird über die erhöhte Muskelaktivierung ausgeglichen. Wie auch bei der Halteaufgabe zeigte sich hier keine Korrelation der Aktivierungslevel zwischen Simulation und Versuch.

6.4.2 Probandenvergleich

Im folgenden Kapitel wird darauf eingegangen, inwieweit mit Hilfe des erweiterten Regelungsansatzes über diskrete λ-Trajektorien Bewegungen abgebildet werden können. Im Folgenden werden die Vergleiche des Winkelverlaufs und der Aktivierungslevel für den *Biceps brachii caput longus*, den *Biceps brachii caput breve* und den *Brachioradialis* gezeigt, da diese Muskelgruppen hauptsächlich für das Anheben der Massen in der gezeigten Testkonfiguration verantwortlich sind. Da die meisten Probanden einen Startbeugewinkel von ca. 80° aufwiesen, wurde das Simulationsmodell zunächst passiv abgesenkt, um den gleichen Startwinkel zu erzeugen. Der Fokus der Untersuchung lag auf der Abbildung der Armkinematik ab dem gleichen Startwinkel bzw. sekundär in der Abbildung der Aktivierungslevel. Aufgrund der Individualität der Probanden, der Unterschiede bei den Startwinkeln und der Aufgaben (Halten und Anheben) ergeben sich unterschiedliche Regelparameter sowie eine Anpassung der Soll-Muskellänge, welche für jeden Vergleich ermittelt werden mussten. Ziel war es, diejenigen Regelparameter zu identifizieren, die eine gute Übereinstimmung der Armkinematik zwischen Simulation und Versuch lieferten.

Die für den Vergleich herangezogenen Parameter der λ-Regelung sind in Tabelle 6.4 dargestellt. Abbildung 6.20a zeigt den Winkelverlauf von Proband 4 mit einer Zusatzmasse von 2,5 kg. Die entsprechenden Aktivierungslevel sind in Abbildung 6.20b dargestellt.

Tabelle 6.4: λ-Regelparameter Proband 4 mit 2,5 kg Zusatzmasse, Anhebeaufgabe

Muskelgruppe	κ_l	δ_l	σ_l [1/s]
Beuger	1,3	0,05	100
Strecker	1,2	0,05	100

Der Vergleich der Bewegungen für Proband 4 beim Versuch mit 2,5 kg zeigt, dass der zeitliche Winkelverlauf des entsprechenden Simulationsmodells einen stärkeren Anstieg erfährt und nach 0,3 s flacher verläuft als beim Probanden selbst. Aufgrund des linearen, diskreten Ansatzes für die λ-Längenänderung wird der s-förmige Verlauf des Probanden nicht exakt wiedergegeben.

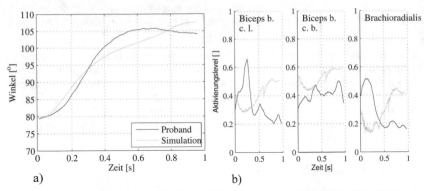

Abbildung 6.20: Vergleich mit Proband 4 mit 2,5 kg Zusatzmasse; Winkelverlauf a), Aktivierungslevel b)

Beim Probanden zeigen der *Biceps brachii caput longum* und der *Brachioradialis* ein signifikantes Aktivierungsmaximum zwischen t = 0,2–0,3 s. Ab diesem Zeitpunkt nimmt die Winkelgeschwindigkeit ab. Der *Biceps brachii caput breve* zeigt über die Zeit einen eher konstanten Aktivierungswert. Die Aktivierungslevel für diesen Probanden sind relativ hoch, oft im Bereich von 0,4 und im Maximum beim *Biceps brachii caput longum* über 0,6. Bei der Simulation zeigt sich ein teilweise entgegengesetzter Trend des Aktivierungsverlaufs.

Die für den Vergleich herangezogenen Parameter der λ-Regelung von Proband 9 mit einer Zusatzmasse von 2,5 kg sind in Tabelle 6.5 dargestellt. Abbildung 6.21a zeigt den Winkelverlauf. Die entsprechenden Aktivierunsglevel sind in Abbildung 6.21b dargestellt.

Tabelle 6.5: λ-Regelparameter Proband 9 mit 2,5 kg Zusatzmasse, Anhebeaufgabe

Muskelgruppe	κ_l	δ_l	σ_l [1/s]
Beuger	0,8	0,05	140
Strecker	1,0	0,06	140

Der Proband 9 mit 2,5 kg zeigt ebenso einen s-förmigen Verlauf, der im Vergleich zu den anderen Verläufen mit einer geringeren Winkeländerung einhergeht. Der Probandenwinkel ändert sich von ca. 80° auf ca. 95° und verläuft zwischen t = 0,15 und t = 0,65 s annähernd linear. Das Simulationsmodell kann die Armkinematik gut nachbilden, zeigt jedoch keinen so ausgeprägten linearen Verlauf zwischen t = 0,15 s und 0,65 s wie im Versuch. Die Aktivierungslevel des Probanden zeigen über die gesamte Dauer einen nahezu konstanten Wert um 0,1.

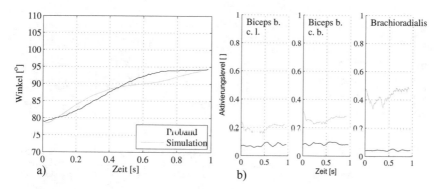

Abbildung 6.21: Vergleich mit Proband 9 mit 2,5 kg Zusatzmasse; Winkelverlauf a), Aktivierungslevel b)

Der Verlauf in der Simulation ist ähnlich konstant und liegt im Bereich zwischen 0,2 und
0,5. Dieser Proband ist ein Beispiel für sehr geringe Muskelaktivierung aus dieser Untersuchung.

In Tabelle 6.6 sind die für den Vergleich von Proband 4 mit einer Zusatzmasse von 5 kg
herangezogenen Parameter der λ-Regelung dargestellt. Abbildung 6.22a zeigt den Winkelverlauf. Die entsprechenden Aktivierunsglevel sind in Abbildung 6.22b dargestellt.

Tabelle 6.6: λ-Regelparameter Proband 4 mit 5 kg Zusatzmasse, Anhebeaufgabe

Muskelgruppe	κ_l	δ_l	σ_l [1/s]
Beuger	4,0	0,05	55
Strecker	1,0	0,08	55

Der Bewegungsvergleich für Proband 4 beim Versuch mit 5 kg zeigt, dass der zeitliche
Winkelverlauf des Simulationsmodells auch in diesem Lastfall steiler verläuft und die Endposition wie beim Probanden nicht erreicht wird. Die Muskelkraft im Simulationsmodell
ist zu gering, um die Masse noch weiter anzuheben. Dies ist auch die Ursache dafür, dass
das Modell beim Bewegungsverlauf nicht besser angepasst werden konnte.

Mit Maßnahmen zur Reduzierung der Winkelgeschwindigkeit über die Regelparameter
konnte die zu starke Steigung im Modell zwar reduziert werden, doch zeigte das Modell
dadurch entweder eine größere Abweichung zum Endwinkel des Probanden oder neigte zu
Schwingungen.

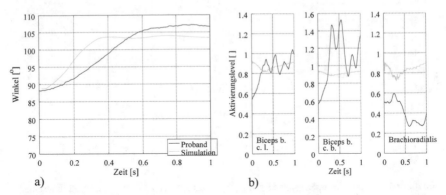

Abbildung 6.22: Vergleich mit Proband 4 mit 5 kg Zusatzmasse; Winkelverlauf a), Aktivierungslevel b)

Daher wurde zur Erreichung des Endwinkels der Wert κ_l für die Beuger signifikant erhöht und gleichzeitig die dämpfende Eigenschaft des Parameters σ_l für Beuger und Strecker reduziert.

Die Aktivierungslevel des Probanden liegen sehr hoch und überschreiten teilweise sogar die vom Probanden zuvor gemessenen maximalen Aktivierungslevel, was unplausibel erscheint. Der Grund hierfür liegt vermutlich in der fehlerhaften Bestimmung des MVC, welcher dann kleiner ausfällt als bei der Messung mit der Zusatzmasse. Das kann dazu führen, dass die Werte des Aktivierungslevels über 1,0 liegen. Die Aktivierungslevel des Simulationsmodells zeigen, wie auch im vorherigen Vergleich dargelegt, ähnliche Aktivierungslevel für alle drei Muskeln.

Die für den Vergleich herangezogenen Parameter der λ-Regelung sind in Tabelle 6.7 dargestellt. Abbildung 6.23a zeigt den Winkelverlauf von Proband 9 mit einer Zusatzmasse von 5 kg. Die entsprechenden Aktivierunsglevel sind in Abbildung 6.23b dargestellt.

Tabelle 6.7: λ-Regelparameter Proband 9 mit 5 kg Zusatzmasse, Anhebeaufgabe

Muskelgruppe	κ_l	δ_l	σ_l [1/s]
Beuger	1,3	0,05	120
Strecker	1,0	0,09	120

Der Bewegungsverlauf des Probanden 9 beim Versuch mit 5 kg ist nahezu linear. Er zeigt eine sehr langsame Bewegung, wobei sich der Winkel von ca. 80° auf ca. 93° erhöht. Der zuvor gezeigte signifikante S-Verlauf der Winkeländerung ist bei diesem Versuchsdurchgang sehr gering ausgeprägt. Die Endposition konnte sehr gut nachgebildet werden. Auch in diesem Fall ist die Winkelgeschwindigkeit des Simulationsmodells höher als jene des Probanden selbst. Die Aktivierungslevel des Probanden zeigen einen annähernd konstanten Verlauf, liegen jedoch unter 0,2. Deutlich höhere Aktivierungslevel zeigt das Simulationsmodell, welche sich für alle drei Muskeln im Bereich größer 0,5 befinden.

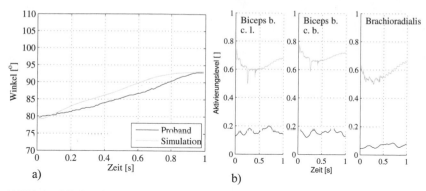

a)   b)

Abbildung 6.23: Vergleich mit Proband 9 mit 5 kg Zusatzmasse; Winkelverlauf a), Aktivierungslevel b)

6.4.3 Zusammenfassung

Es konnte gezeigt werden, dass mit Hilfe einer vereinfachten linearen, diskreten λ-Trajektorie und der Einstellung unterschiedlicher Regelparameter verschiedene Bewegungen abgebildet werden können. Beim Versuch des Probanden 4 mit 5 kg (siehe Abbildung 6.22) wird die Kinematik am schlechtesten abgebildet. Die Abbildung von Bewegungen geht stets mit einer großen Streubreite einher, wie die Studien von Östh et al. (2013) und Olafsdóttir et al. (2013) zeigen. Das Ziel ist die Abbildung einer großen Brandbreite der Probanden. Beim Vergleich zwischen Simulation und Versuch der Armkinematik konnte gezeigt werden, dass zur Simulation von bewussten Bewegungen der Ansatz der ursprünglichen λ-Regelung unzureichend ist, da dieser zu schnelleren Bewegungen führt, als sie die Probanden zeigten. Erst mit der Einführung diskreter λ-Stützstellen zu einer Solltrajektorie konnten die Bewegungen der Probanden abgebildet werden. Die Versuchsergebnisse der Probanden zeigen eine Streubreite der Armkinematik um bis zu 13 % auf. Die Bewegungen mit dem Armmodell und den entsprechenden Regelparametern konnten mit einer Winkelabweichung von 2–8 % die Armkinematik der Probanden abbilden.

Neben der Bewegungsanalyse dient die Untersuchung auch der Betrachtung der Muskelaktivierungen und der Untersuchung, wie diese mit dem Bewegungsverlauf korrelieren. Der Zusammenhang zwischen Aktivierungslevel und Winkel ist im Simulationsmodell deutlich ausgeprägter. So zeigt sich: Je flacher der Bewegungsverlauf (kleinerer Unterschied zwischen Anfangs- und Endwinkel), desto flacher fallen die Aktivierungslevel aus. Bei den Probanden ist dieser Zusammenhang nicht so klar zu erkennen. Der Vergleich der Muskelaktivierungsmaxima zwischen Simulation und Versuch zeigt einen signifikanten Unterschied von bis zu 400 % Abweichung. Die simulierten Aktivierungslevel wurden zu hoch prognostiziert. Zu begründen ist dieser Unterschied aus der Modellierung des Armmodells und der Messung von EMG-Daten mittels Oberflächenelektroden, welche sehr stark streuen. Bei der Definition des FE-Armmodells wird eine maximale Muskelkraft aus der Literatur verwendet, die nicht denjenigen maximalen Muskelkräften der Probanden entspricht.

7 Untersuchung der Insassenkinematik bei Pre-Crash-Manövern

Sowohl zum Verständnis der Insassenkinematik bei Pre-Crash-Manövern als auch als Datenbasis für zukünftige Validierungen virtueller Menschmodelle werden Pre-Crash-Lastfälle experimentell untersucht. Hierfür kommen Schlitten- oder Fahrzeugversuche zum Einsatz. Die geringe Komplexität und die einfachere Reproduzierbarkeit sind Vorteile von Schlittenversuchen. Vorteile der Fahrzeugversuche sind dagegen eine wesentlich realistischere Umgebung für die Probanden; infolge dessen kann auch eine natürlichere Körperhaltung aufgrund der vertrauteren Versuchsumgebung angenommen werden. Somit ist es für den Probanden auch einfacher, unerwartete Fahrmanöver durchzuführen.

Im Folgenden soll auf bisherige Studien zur Insassenkinematik bei Pre-Crash-Lastfällen eingegangen werden. Der Fokus liegt hierbei auf Lastfällen, die eine Verzögerung unter 1,5 g und eine Zeitspanne von mindestens 0,2 s aufweisen. Des Weiteren werden Studien aufgeführt, in denen menschliche Bewegungsmuster bei Lastfällen mit Beschleunigungsspitzen bis zu -5 g untersucht wurden.

7.1 Studien zur experimentellen Untersuchung der Insassenkinematik

7.1.1 Frontal-Lastfälle

Bewegungsmuster von Probanden bei Notbrems- und Kollisionslastfällen wurde mit Hilfe von Linear-Schlitten-Versuchen mit Verzögerungen von 0,2 bis 5 g und Zeiten von 0,2 bis 0,6 s untersucht (Ejima et al., 2007, 2008, 2009; Arbogast et al., 2009; Bae et al., 2010; Beeman et al., 2011). Generell werden bei den Versuchen zwei unterschiedliche Anweisungen zur Körperspannung vorgegeben. Unterschieden wird zwischen einer entspannten und einer angespannten Körperhaltung. Zusammenfassend konnte in den Versuchen gezeigt werden, dass die muskuläre Anspannung der Probanden einen signifikanten Einfluss auf die Insassenkinematik aufweist. Infolge der Kokontraktion von Muskeln kann die Körperspannung erhöht werden. Es zeigte sich, dass die muskuläre Anspannung der Probanden vor der Kollision zu einer Reduzierung der Vorverlagerung bei unterschiedlicher Körperregionen zwischen 36 und 69 % führte (Beeman et al., 2011). Insbesondere zeigt sich eine Reduzierung der Kopfvorverlagerung von 169 auf 107 mm bei einem Kollisionslastfall mit 5 g Verzögerung (Beeman et al., 2011). Ejima et al. (2007), (2008), (2009) zeigten, dass Muskelreflexe zwischen 100 und 130 ms nach Beschleunigungsbeginn einsetzten. In Versuchen mit Beschleunigungen um -0,8 g mit einer Dauer von 0,6 s sind die Reflexantworten ausreichend schnell und groß genug, um die Probandenkinematik im Versuch zu beeinflussen (Ejima et al., 2009). Bewegungsmuster wurden des Weiteren in Fahrversuchen ermittelt. Zum Beispiel benutzten Carlsson und Davidsson (2011) eine planare Filmauswertung zur Messung der Vorverlagerung von Fahrern und Beifahrern bei autonomen Notbremsmanövern auf Verkehrsstraßen. Es wurden Bremsungen mit Verzögerungen um 0,3 g, 0,4 g, und 0,5 g mit einer Dauer von 1,5 s durchgeführt. Es wurde eine mittlere Rumpfvorverlagerung

© Springer Fachmedien Wiesbaden GmbH 2018
E. Yigit, *Reaktives FE-Menschmodell im Insassenschutz*,
AutoUni – Schriftenreihe 114, https://doi.org/10.1007/978-3-658-21226-1_7

von 55 ± 26 mm und eine mittlere Kopfvorverlagerung von 97 ± 47 mm für alle Aufmerksamkeitszustände ermittelt. Des Weiteren konnte gezeigt werden, dass größere Probanden eine größere Kopfvorverlagerung aufwiesen. Weibliche Probanden, deren Körpermaße und –masse eher denen eines 50%-Mannes entsprechen, zeigten ebenfalls eine größere Vorverlagerung als die männlichen Probanden.

Ziel der Studien von Östh et al. (2013) und Olafsdóttir et al. (2013) war es, eine Datenbasis zur Validierung von virtuellen Menschmodellen für die Fahrer- und Beifahrerkinematik bei Notbremsszenarien zu erzeugen. Des Weiteren wurde gezeigt, welchen Einfluss eine reversible Gurtstraffung auf die Insassenkinematik und die Muskelaktivität hat. Zusätzlich wurde ein Vergleich der Insassenkinematik bei selbstinitierten und autonomen Bremsung gezeigt. Die Versuche wurden auf Verkehrsstraßen mit elf männlichen und neun weiblichen Probanden durchgeführt; EMG-Daten und Kinematikdaten aus einer Videoanalyse wurden ermittelt. In den Studien konnte der Einfluss der Gurtstraffung in der Pre-Crash-Phase auf die Insassenvorverlagerung und die Muskelaktivität für den Fahrer und den Beifahrer bestätigt werden. Eine Minderung der Kopf- und Rumpfvorverlagerung durch die Gurtstraffung wurde gezeigt. Die Kopfvorverlagerung des Beifahrers konnte im gestrafften Fall von 194 mm auf 118 mm reduziert werden. Für Probanden auf der Fahrerseite zeigt sich, dass der Einfluss der selbstinitierten Bremsung einen größeren Einfluss auf die Vorverlagerung als die Gurtstraffung hat. Die Kopfvorverlagerung der weiblichen Probanden auf der Fahrerposition lag im Mittel bei 116 mm ohne Straffung, mit Gurtstraffung bei 51 mm. Im Fall der selbstinitierten Bremsung lag die Kopfvorverlagerung der weiblichen Probanden bei 38 mm. Außerdem konnte gezeigt werden, dass im Fall der Gurtstraffung schon vor Verzögerungsbeginn die Muskelaktivitäten anstiegen. Es wurde angenommen, dass der Anstieg der Muskelaktivität durch Schreckreaktionen begründet sei.

Van Rooij et al. (2013) führten Fahrversuche mit einem professionellen Fahrer auf einem Testgelände durch. Dabei wurden die Vorverlagerungen für Fahrer bei autonomem Abbremsungen, selbstinitierten Bremsungen und autonomen Abbremsungen mit Ablenkung der Probanden ermittelt. Die Ablenkung erfolgte, indem die Probanden eine Nachricht auf dem Mobiltelefon verfassten. Es wurden signifikante Unterschiede der Kopfvorverlagerung zwischen der selbstinitierten (56 mm) und der autonomen Abbremsung mit Ablenkung (123 mm) ermittelt. Als Grund hierfür wurde die Antizipation der bevorstehenden Bremsung durch die Probanden vermutet. Morris und Cross (2005) führten eine qualitative Analyse durch, bei der Bewegungsmuster von Probanden in Pre-Crash-Lastfällen untersucht wurden. Fünf Kameras ermittelten die Insassenkinematik bei Versuchen auf einem Testgelände. Sie zeigten, dass das Abstützen mit der Hand oder Teilen des Arms bei angeschnallten Insassen bei wenigen Testdurchläufen festzustellen war. Erst mit längerer Pre-Crash-Phase zeigten die Probanden ein Abstützverhalten. Behr et al. (2010) kombinierten Daten aus Bremsversuchen aus dem Fahrsimulator mit realen Notbremsversuchen, bei denen zusätzlich auch EMG-Messungen durchgeführt wurden. Bei den Fahrversuchen wurden unangekündigte Notbremsungen provoziert, indem ein Ball auf die Fahrbahn geworfen wurde. Es wurden Muskelaktivierungslevel für die unteren Extremitäten, Gelenkwinkel und Pedalkräfte (Behr et al., 2010) ermittelt. Diese Werte wurden als Anfangswerte für Menschmodellparameter vorgeschlagen. Hiermit soll ein angespannter Insasse kurz vor einer Kollision realistischer nachgebildet werden können, da bisherige Studien die Anspannungen beim Menschmodell in Crash-Lastfällen unzureichend berücksichtigen.

7.1.2 Lateral-Lastfälle

Ejima et al. (2012) führten Schlittenversuche mit Probanden mit Lateralbeschleunigungen von 0,4 g und 0,6 g und einer Dauer von 0,6 s durch. Es konnte ermittelt werden, dass die Muskelkontraktion vor dem Manöver die Insassenkinematik beeinflusst, wie es auch in Frontcrash-Lastfällen und Bremsszenarien der Fall ist. Im Vergleich zwischen den angespannten und entspannten Probanden zeigte sich eine Reduzierung der relativen Winkeländerungen zwischen Rumpf und Sitz von 5° für die geringere Beschleunigung und 10° für die höhere. In dieser Studie mit Lateralbeschleunigung wurden die Probanden am Becken gegurtet. Messungen der Muskelaktivitätslevel und der Kräfte auf der Fußablage zeigten den Einfluss der unteren Extremitäten auf die Insassenkinematik der sitzenden Probanden.

Bei Laterallastfällen mit Fahrzeugen wie etwa bei Notlenkszenarien treten überlagerte Beschleunigungskomponenten auf. Diese setzten sich aus der lateralen Beschleunigung, dem Gieren und dem Wanken zusammen. Diese Komponenten treten bei Realfahrzeugversuchen auf (Muggenthaler et al., 2005; Huber et al., 2013a).

Muggenthaler et al., 2005 führten sinusförmige Lenkversuche mit Beschleunigungen um 0,5 g durch, bei denen die Insassenkinematik von Probanden und Hybrid III-Dummys auf der Beifahrerseite untersucht wurden. Zusätzlich wurden Fahrmanöver mit einer Beschleunigung um -0,6 g durchgeführt, bei denen die Probandenkinematik auf Beifahrer und Fahrerseite ermittelt wurde. Sie folgerten, dass Probanden zweierlei Anspannungen zeigen, zum einen die bewusste und zum anderen die reflexartige Muskelaktivierung.

Huber et al. (2013a) führten Spurwechselmanöver mit Probanden auf der Beifahrerseite durch. Die Lateralbeschleunigungen lagen bei 1 g. Sie ermittelten über Oberflächen-EMG-Messungen Muskelaktivierungszeiten um 0,11–0,17 s nach dem Einleiten der Lenkung.

7.2 Pre-Crash-Fahrversuche im Rahmen des OM4IS-Projektes

Im Rahmen des Projekts *Occupant Model for Integrated Safety* (OM4IS) wurden Bewegungen von Probanden auf der Beifahrerseite in Pre-Crash-Szenarien mit Hilfe eines Motion Capture-Kamerasystems ermittelt (Huber et al., 2014). Unter anderem wurden Notbrems- und Notlenkmanöver durchgeführt, bei denen die Probanden im ersten Testlauf keine Informationen über die bevorstehende Bremsung erhielten. Ziel war es, eine ausreichend große Datenbasis für die Validierung virtueller Menschmodelle zu generieren und den Einfluss des Aufmerksamkeitszustands auf die Verlagerungen in der Pre-Crash-Phase zu untersuchen.

Bei dem Testfahrzeug handelte es sich um einen Mercedes-Benz S-500 (Typ W221). Die Windschutzscheibe und die Seitenscheibe auf der Beifahrerseite wurden entfernt, um störende Reflexionen bei der Bewegungsmessung zu vermeiden. Des Weiteren wurde ein Großteil der Beifahrertür herausgeschnitten, um eine seitliche Erfassung der Hüfte der Probanden zu gewährleisten. Die Fahrversuche fanden auf einem abgesperrten Testgelände bei trockenem Wetter statt. Abbildung 7.1 zeigt das Versuchsfahrzeug mit den am Fahrzeug befestigten Infrarot-Kameras und die zwei verschiedenen Referenzsitze.

In dieser Studie wurden herstellerunabhängige Referenzsitze angestrebt, um den Einfluss des Sitzes auf die Insassenkinematik gering zu halten und eine einfachere FE-Modellierung dieses Lastfalls zu gewährleisten. In der ersten Testkonfiguration wurde ein Referenzsitz aus Holzplatten mit Lederbezug am Sitzgestell verschraubt. In der zweiten Testkonfiguration wurde ein Referenzsitz aus Schaumstoff (homogenes Material) verwendet, welcher auf den Holzsitz fixiert wurde. Außerdem wurde dieser, zur realistischeren Abbildung eines herkömmlichen Fahrzeugsitzes, mit Seitenwangen versehen.

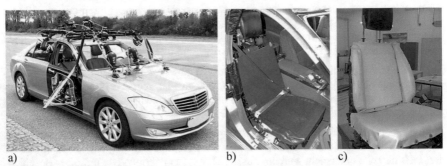

a)   b)   c)

Abbildung 7.1: Versuchsfahrzeug a) Referenzsitz aus lederbezogenen Holzplatten b) Referenzsitz aus Schaumstoff mit Seitenwangen c)

Das System zur Insassenerfassung besteht aus acht Infrarot-Kameras, die am Fahrzeug befestigt wurden, sowie reflektierenden MC-Markern, die eine Positionsbestimmung in 3D erlauben. Damit lassen sich Bewegungsdaten ermitteln, die eine höhere Genauigkeit als rein optische Systeme aufweisen. Die MC-Marker wurden auf einem Motion Capture-Anzug befestigt, den alle Probanden trugen. Abbildung 7.2a zeigt einen Probanden mit dem Motion Capture-Anzug und den darauf befestigten MC-Markern. Bei der Analyse der Bewegungskinematik in Pre-Crash-Lastfällen in frontaler Richtung sind die Vorverlagerung und Winkeländerung des Kopfs und Rumpfs entscheidend. Daher wurden zur weiteren Analyse die Marker-Punkte an Kopf und Rumpf zu einer entsprechend resultierenden Position zusammengefasst (siehe Abbildung 7.2b) und die Trajektorien dieser Punkte zum Modellvergleich herangezogen. Abbildung 7.2c zeigt die resultierenden Marker-Positionen für den Kopf und den Rumpf und die relativen Winkel der beiden Körperbereiche.

Der Fokus dieser Arbeit liegt auf den Notbremsmanövern aus 12 und 50 km/h mit einer maximalen Verzögerung von ca. 1 g. Die Vollbremsungen wurden durch einen erfahrenen Testfahrer durchgeführt. Bei diesen Testdurchgängen hatten die Probanden (Beifahrer) keine Kenntnis über die Art des Lastfalls. Im Testdurchgang mit 12 km/h wurden ein Beckengurt und der Referenzsitz aus lederbezogenen Holzplatten verwendet.

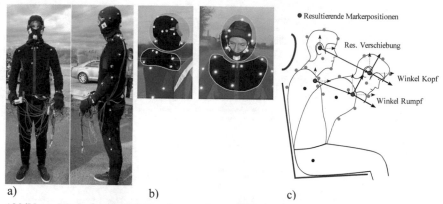

a)   b)   c)

Abbildung 7.2: Proband mit Motion Capture-Anzug a) Marker für die Berechnung der resultierenden
Positionen b) Resultierende Marker-Positionen und relativer Winkel für Kopf und
Rumpf (Huber et al., 2015) c)

Aufgrund des Fehlens des Brustgurts in dieser Testkonfiguration kann eine Beschränkung
der Vorverlagerung durch den Gurt ausgeschlossen werden. In diesem Durchgang wurden
22 männliche Probanden erfasst, deren Körpermassen und -größen annähernd dem des
50%-Mannes entsprechen. Die Testkonfiguration mit einer Notbremsung von 50 km/h und
der Verwendung des Dreipunktgurts sowie des Referenzsitzes aus Schaumstoff stellt ein
realistischeres Testszenario einer Fahrzeugnotbremsung dar. In diesem Testszenario wurden
17 männliche und sechs weibliche Probanden erfasst. Trotz des weiblichen Anteils in dieser
Studie ist die durchschnittliche Körpergröße nahe am 50%-Mann.

Tabelle 7.1 zeigt die Versuchsspezifikationen der beiden Notbremsversuche. Abbildung 7.3
zeigt die Fahrzeugverzögerung für jeweils einen Testdurchgang mit einer Notbremsung aus
12 und aus 50 km/h.

Tabelle 7.1: Notbremsmanöver Versuchsspezifikationen

Geschwin-digkeit [km/h]	Beschleuni-gung [m/s²]	Kenntnis-stand Testab-lauf	Sitz/Gurttyp	Probanden	Größe [cm]	Zusatz-masse [kg]	Alter [Jahre]
12	-10,2	keiner	Holz/Becken-gurt	22 männlich	179±4	77±6	32±9
50	-10,8	keiner	Schaum-stoff/Drei-punktgurt	17 männlich, 6 weiblich	175±6	74±10	31±8

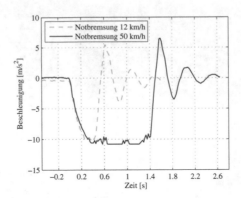

Abbildung 7.3: Fahrzeugverzögerungen bei den Notbremsmanövern mit 12 km/h und 50 km/h

7.3　Experimentelle Untersuchung der Muskelaktivität bei Notbremsmanöver

Im Rahmen der Versuche wurden Muskelaktivitätsmessungen an 21 Probanden mittels EMG-Messungen durchgeführt. Es wurden EMG-Elektroden (Silber-Silberchlorid Oberflächenelektroden, 9 mm Durchmesser) verwendet, die an Muskeln im Nacken-, Rücken- und Abdominalbereich angebracht wurden. Es wurde keine Normierung der Aktivierungslevel mittels MVC durchgeführt. Tabelle 7.2 zeigt diejenigen Muskelgruppen sowie ihre Funktion, an denen EMG-Messungen durchgeführt wurden (Huber et al., 2013b).

Tabelle 7.2: Mit EMG-Signalen untersuchte Muskeln und deren Funktionen

	Muskel	Funktion
a	Sternocleidomastoideus	Kopfbeuger
b	Rectus abdominis	Rumpfbeuger
c	obliquus externus abdominis	Rumpfbeuger
d	Splenius capitis	Kopfstrecker
e	Trapezius pars descendens	Nackenstrecker
f	Latissimus dorsi	Rumpfstrecker
g	Erector spinae	Rumpfstrecker

Die aus den Versuchen ermittelten Muskelaktivierungszeiten sind in Abbildung 7.4 dargestellt. Unter den berücksichtigten Muskeln sind drei Beugemuskel (a-c) und vier Streckmuskeln (d-g). Es zeigt sich, dass die Strecker (d-g) tendenziell früher reagieren.

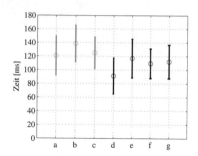

Abbildung 7.4: Muskelaktivierungszeiten der Muskeln; Legende (a-g) siehe **Tabelle 7.2**

Abbildung 7.5 zeigt die mittlere Muskelspannung der Probanden für die Muskeln aus Tabelle 7.2

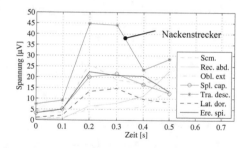

Abbildung 7.5: Mittlere Muskelspannungen (Huber et al., 2013); Beugemuskeln: Scm. = Sterno-
cleidomastoid· Rec. abd. = Rectus abdominis, Obl. ext. = obliquus externus abdominis; Streckmuskeln: Spl. cap. = Splenius capitis, Tra. desc. = Trapezius pars descen-
dens, Lat. Dor. = Latissimus dorsi, Ere. Spi. = Erector spinae

Es zeigt sich, dass bei den meisten Muskeln das Spannungsmaximum bei t = 0,2 s einstellt.
Die höchsten EMG-Werte weisen die Streckmuskeln auf. Muskeln im Abdominalbereich
zeigen die geringsten Aktivierungen. Bei der Vorwärtsbewegung zwischen t = 0,1 und
t = 0,3 s weisen die Strecker höhere Aktivitäten auf als die Beuger. Bei der Rückbewegung
zwischen t = 0,4 und t = 0,5 s zeigen die Kopf-/Nackenbeuger einen Anstieg der Aktivität.
Anhand der Daten ist ersichtlich, dass bis auf den Sternocleidomastoid die Strecker eine
höhere Aktivierung als die Beuger aufweisen.

8 Modellerweiterung des THUMS

Das von Toyota entwickelte *THUMS v3-Menschmodell* wird von unterschiedlichen Instituten und Firmen verwendet und weiterentwickelt. Im Rahmen des internationalen Konsortiums THUMS User Community (TUC) wurden Verbesserungen des Modells durchgeführt. So entstanden detailliertere Körperpartien wie Schulter, Thorax und Beine. Des Weiteren wurde das Muskel- und Hautgewebe am Torso feiner vernetzt und das Modell anhand mehrerer Lastfälle validiert. Der Einsatzbereich des *THUMS v3 TUC* beschränkt sich im Allgemeinen auf In-Crash-Lastfälle, da es sich bei den Validierungslastfällen um Kollisionslastfälle handelt. In Anlehnung an die Maße des HIII 50%-Dummys repräsentiert dieses Modell einen Mann mittleren Alters mit 1,75 m Körpergröße und einer Körpermasse von 78 kg. Die in dem Modell eingesetzten FEM-Elementtypen sind in Tabelle 8.1 abgebildet.

Tabelle 8.1: FEM-Elementtypen für THUMS v3 TUC

Elementtyp	Körperteil THUMS v3 TUC
Bar	Muskeln
	Sehnen
	Bänder
Shell	Kortikale Knochen
	Bänder
Solid	Muskeln
	Spongiöse Knochen
	Bandscheiben
	Kniescheiben
	Innere Organe
	Gehirn

Abbildung 8.1 zeigt den Modellaufbau des Kopf-Hals Bereichs des *THUMS v3 TUC*. Das Modell enthält passive Muskeln in Form von Federelementen. Bis auf die starren Wirbelkörper und das starre Kreuzbein sind alle Teile des Körpers deformierbar modelliert. Für spätere Analysen wurde das Gehirn sehr fein modelliert und enthält z.B. unterschiedliche Materialien für die weiße und die graue Substanz. Des Weiteren enthält das Modell eine Abbildung des Rückenmarks und der Bandscheiben zwischen den Wirbeln. Diese bestehen aus zwei Teilen, dem Faserring (Anulus fibrosus) und dem Gallertkern (Nucleus pulposus).

© Springer Fachmedien Wiesbaden GmbH 2018
E. Yigit, *Reaktives FE-Menschmodell im Insassenschutz*,
AutoUni – Schriftenreihe 114, https://doi.org/10.1007/978-3-658-21226-1_8

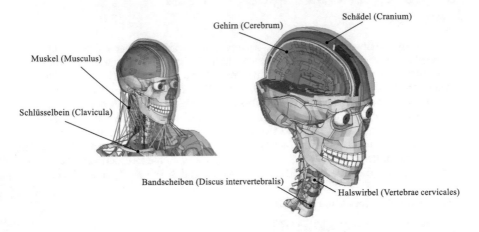

Abbildung 8.1: Modellierung THUMS v3 TUC Kopf-Nackenbereich

Abbildung 8.2 zeigt den Modellaufbau des Rumpf- und Hüftbereichs des *THUMS v3 TUC*. Der Thorax weist einen hohen Detailierungsgrad auf, da der Fokus für viele Verletzungs-analysen auf dieser Körperregion liegt. Rippen, Brustbein und Rippenknorpel sind mit ent-sprechenden Materialien aus Komponentenversuchen versehen. Das Hüftgelenk ist, wie alle anderen Kontakte in diesem Modell, kontaktbasiert modelliert und bietet die Möglich-keit der Analyse von Belastungen zwischen Hüftpfanne und Oberschenkelknochen. Die Fi-xierung des Oberschenkelknochens an der Hüfte wird über das Darmbeinschenkelband un-terstützt.

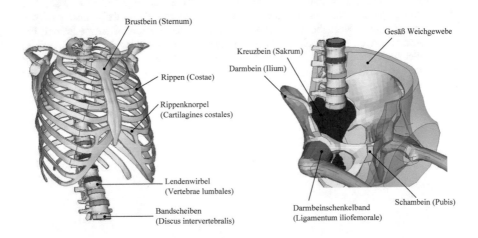

Abbildung 8.2: Modellierung THUMS v3 TUC Rumpf- und Hüftbereich

Die knöcherne Struktur sowie das Weichgewebe des Beckens und der unteren Extremitäten des *THUMS v3 TUC* sind in Abbildung 8.3 dargestellt. Erwähnenswert hierbei ist die kontaktbasierte Modellierung des Kniegelenks. Die Fixierung der Kniescheibe wird über Bänder realisiert.

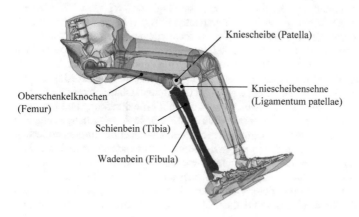

Kniescheibe (Patella)

Kniescheibensehne
(Ligamentum patellae)

Oberschenkelknochen
(Femur)

Schienbein (Tibia)

Wadenbein (Fibula)

Abbildung 8.3: Modellierung THUMS v3 TUC Hüfte und untere Extremitäten

8.1 Anpassung der Materialeigenschaften des THUMS

Es zeigte sich, dass das bestehende *THUMS v3 TUC* für Lastfälle mit Beschleunigungen um -1 g eine zu hohe Steifigkeit aufweist, wodurch es nicht möglich ist, mittels realistischer Muskelkräfte die Steifigkeit des Modells zu verändern. Daher wurden im Rahmen dieser Arbeit Anpassungen am *THUMS v3 TUC* vorgenommen, auf die in Kapitel 8.3 eingegangen wird.

Zur Verbesserung der biomechanischen Eigenschaften des Modells wurden Materialdefinitionen aus der Literatur nach Östh et al. (2012a) übernommen. Elastizitätsmodul und Steifigkeiten für Bandscheiben, Bänder sowie Muskel- und Hautweichgewebe wurden berücksichtigt. Neben den Änderungen, die in Östh et al. (2012a) aufgeführt sind, wurden die Steifigkeit des Weichgewebes im Nackenbereich und die Hautdicke der Shell-Elemente nach Lizée et al. (1998) angepasst. Tabelle A.2 (Anhang) zeigt die für das angepasste *THUMS v3 TUC* verwendeten Materialparameter. Grundsätzlich weist das THUMS vereinfachte Materialmodelle auf. So ist die Haut z.B. mit einem linear-elastischen Material abgebildet, weil Daten zur Materialsteifigkeit aus der Literatur mittels E-Modul angegeben wurden. Das Fett- und Muskelgewebe ist mittels eines linear-viskoelastischen Materials modelliert. Für die detailliertere Beschreibung der Materialmodelle sei auf ESI Group (2013) verwiesen. Die geänderten Materialparameter sind in Tabelle A.2 (Anhang) aufgeführt.

8.2   Erweiterung des THUMS durch aktivierbare Muskelelemente

Im aktuellen Unterkapitel wird auf die Erweiterungen mittels aktivierbarer Muskeln im *THUMS v3 TUC*-Modell eingegangen. Die hier verwendeten Muskelelemente basieren auf dem Hill-type-Muskelmodell, vgl. Kapitel 4.1. Das ursprüngliche *THUMS v3 TUC* bietet keine Möglichkeit zur Aktivierung von Muskelelementen (Yigit et al., 2014b). Es handelt sich dabei um 1D-Federelemente, welche im Rahmen der vorliegenden Arbeit entfernt wurden, da sie teilweise nicht die korrekten Muskelursprungs- und Muskelansatzpositionen aufwiesen oder am Weichgewebe angebunden waren, was anatomisch nicht korrekt ist. Das Modell wurde mittels 334 Hill-type-Elementen (HTE) erweitert, welche 46 Muskeln im Kopf-, Hals-, Lenden-, Abdominal-, Ellenbogen- und Oberschenkelbereich repräsentieren. Es wurden diejenigen Muskeln gewählt, welche wesentlich für die Streckung und Beugung des Oberkörpers in der Sitzposition verantwortlich sind. Tabelle A.3 (Anhang) zeigt die verwendeten Muskelelemente und die dazugehörigen Parameter. Bei der Implementierung der Muskeln wurden die Ansatz- und Ursprungspositionen anatomisch so angenähert, dass die Kraftpfade nahe den realen Muskellastpfaden liegen. Die genauen Muskelursprungs- und Muskelansatzpositionen wurden aus Literaturdaten ermittelt, siehe Tabelle A.3 (Anhang). Abbildung 8.4 zeigt die prinzipielle Implementierung der Hill-type-Elemente am Beispiel des Sternocleidomastoideus sowie das *THUMS v3 TUC* mit allen Hill-type-Elementen.

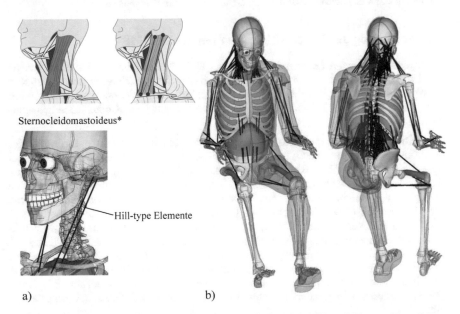

Sternocleidomastoideus*

Hill-type Elemente

a)   b)

Abbildung 8.4: Implementierung Hill-type-Elemente am Beispiel des Sternocleidomastoideus (Modell nach Gille, 2007*) a), Hill-type-Elemente im Menschmodell THUMS v3 TUC b)

8.3 Untersuchung der Insassenkinematik verschiedener Insassenmodelle

In diesem Kapitel wird die Kinematik bestehender virtueller Insassenmodelle bewertet. Ein Vergleich des kinematischen Verhaltens der unterschiedlichen Modellstände des THUMS in Pre-Crash-Lastfällen, d.h. bei Beschleunigungen um -1 g, fehlt in den bisherigen Studien. Im Folgenden wurde das kinematische Verhalten unterschiedlicher passiver virtueller Insassenmodelle in einem Notbremslastfall aus 12 km/h untersucht und bewertet. Als Datenbasis wurden Kinematikdaten aus den Bremsversuchen mit Beckengurt, siehe Kapitel 7.2, herangezogen. Die Modelle, die in dieser Studie verwendet wurden, sind in Tabelle 8.2 aufgeführt.

Tabelle 8.2: Passive Insassenmodelle im Notbremslastfall

Modell	Insassenabmessungen
HIII 50%-Crashtest-Dummy	50%-Mann
THUMS v3	50%-Mann
THUMS v3 TUC	50%-Mann
THUMS v3 TUC Erweitert (passive Hill-type-Elemente)	50%-Mann

Abbildung 8.5 zeigt die maximale Vorverlagerung der Simulationsmodelle beim Zeitpunkt t = 0,6 s. Dummy und *THUMS v3* zeigen eine geringe Kopf- wie auch Rumpfrotation (Flexion). Eine signifikante Rumpfrotation (Flexion) zeigen *THUMS v3 TUC* und *THUMS v3 TUC Erweitert*.

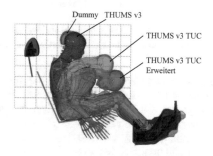

Abbildung 8.5: Insassenkinematik passiver virtueller FE-Modelle; Notbremslastfall aus 12 km/h mit Beckengurt, t = 0.6 s

Abbildung 8.6 zeigt die Kopf- und Rumpfkinematik der Probanden als Korridor. Der Korridor wurde aus den Daten der Probanden erstellt, siehe Kapitel 7.2. Der dunkelste graue Bereich enthält den Bewegungsbereich 25 % aller Probanden. Die nächsthelleren Bereiche repräsentieren entsprechend 50 %, 75 % und 90 % der Probanden. Bei den durchgezogenen Linien handelt es sich um die Kinematikdaten aus den Simulationen. Die gestrichelte Linie repräsentiert die Bewegung des HIII 50%-Hardware-Dummys.

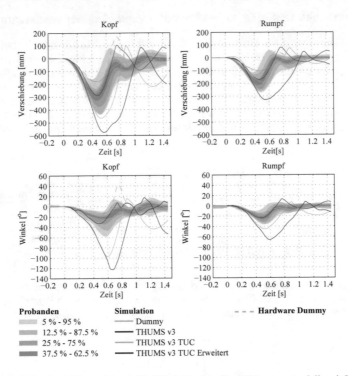

Abbildung 8.6: Kopf- und Rumpfkinematik; Vergleich virtueller FE Insassenmodelle mit Probandendaten und Hardware-Dummy im Notbremslastfall aus 12 km/h und mit Beckengurt

Die Kopfvorverlagerung der Probanden liegt zwischen 160 mm und 420 mm, die Rumpf-
vorverlagerung liegt zwischen 120 mm und 270 mm. Der relative Winkel des Kopfes in der
Vorverlagerungsphase liegt bei den Probanden zwischen 8° and 58°, die Rotation des
Rumpfs liegt in einem Bereich zwischen 11° und 37°. Die Vorverlagerung des Hardware-
Dummys sowie in der Simulation zeigt eine Kopfvorverlagerung von 200 mm und eine
Rumpfvorverlagerung von 100 mm. Bei den unterschiedlichen THUMS-Modellen zeigen
sich große Unterschiede. Die Kopfvorverlagerung des *THUMS v3* liegt bei ca. 300 mm,
während der Wert für *THUMS v3 TUC Erweitert* bei 580 mm liegt. Das *THUMS v3 TUC*
weist eine Kopfvorverlagerung von 480 mm auf. Bei den Rumpfvorverlagerungen zeigen
die unterschiedlichen THUMS-Modelle geringere Unterschiede: Sie liegen zwischen
180 mm und 320 mm. Die unterschiedliche Vorverlagerung der Modelle ist durch die unterschiedliche Materialdefinition des Weichgewebes begründet. Bei Bewegungen defor-
miert sich die äußere Hülle des Modells, wobei es zu Elementverformungen kommt. Die
hinterlegten Elementsteifigkeiten für Haut und darunterliegendes Weichgewebe (Fett-/Mus-
kelgewebe) zeigen einen starken Einfluss auf die Steifigkeit des Modells und somit auf die
Bewegungsmuster. Tabelle 8.3 zeigt die Materialdefinitionen der einzelnen THUMS-Modelle. Zur groben Abschätzung und zum Vergleich zwischen linear-elastischer und linear-

viskoelastischer Materialsteifigkeit wurde ein Vergleich des Elastizitätsmoduls E durchgeführt. Aus dem Schubmodul G und dem Kompressionsmodul k lässt sich mit folgender Beziehung für isotrope Materialien der E-Modul bestimmen.

$$E = \frac{9kG}{3k + G} \tag{8.1}$$

Tabelle 8.3: Materialdefinition THUMS Modelle für Haut und Fett-/Muskelgewebe

Modelle	Dicke [mm]	E [MPa]	k [MPa]	G_0 [MPa]	G_∞ [MPa]	Material
THUMS v3						
Haut (äußere Shell Schicht)	0,1	22,00				Linear-elastisch für Shell Elemente
Fett-/Muskelgewebe (Solid Elemente, ohne Hals)		1,00**	2,30	0,35	0,12	Linear-viskoelastisch für Solid Elemente
Fett-/Muskelgewebe (Solid Elemente, Hals)		8,9 (Initial)*				Nichtlinear für Solid Elemente
THUMS v3 TUC						
Haut (äußere Shell Schicht)	0,1	22,00				Linear-elastisch für Shell Elemente
Fett-/Muskelgewebe (Solid Elemente, ohne Hals)		1,00**	2,30	0,35	0,12	Linear-viskoelastisch für Solid Elemente
Fett-/Muskelgewebe (Solid Elemente, Hals)		0,55**	0,46	0,07	0,02	Linear-viskoelastisch für Solid Elemente
THUMS v3 TUC Erweitert						
Haut (äußere Shell Schicht)	1	1,00				Linear-elastisch für Shell Elemente
Fett-/Muskelgewebe (Solid Elemente, ohne Hals)		1,00**	2,30	0,35	0,12	Linear-viskoelastisch für Solid Elemente
Fett-/Muskelgewebe (Solid Elemente, Hals)		0,40**	0,25	0,12	0,09	Linear-viskoelastisch für Solid Elemente

* Materialsteifigkeit über Spannungs-Dehnungs-Kurve definiert.

** E-Modul aus Schub- und Kompressionsmodul mittels Gleichung (8.1) ermittelt.

Beim Vergleich zwischen dem *THUMS v3* und dem *THUMS v3 TUC* ist zu erkennen, dass die maximalen Rumpfvorverlagerungen um ca. 30 mm voneinander abweichen, während die Kopfvorverlagerungen eine Differenz von ca. 200 mm aufweisen. Dies ist damit zu begründen, dass die Elementsteifigkeiten des Rumpfes in beiden Modellen übereinstimmen. Jedoch unterscheiden sich die Materialeigenschaften des Halses der beiden Modelle stark. Beim *THUMS v3* ist ein nichtlineares Material hinterlegt, das zunächst einen E-Modul mit $E_1=8{,}9$ MPa berücksichtigt. Nach der Überschreitung einer Grenzdehnung von 0,35, ist eine nichtlineare Charakteristik des Spannungs-Dehnungs-Verlaufs definiert. Abbildung 8.7 zeigt die Charakteristik für das Fett-/Muskelgewebematerial des *THUMS v3*. Für den Vergleich der E-Moduln zwischen den Modellen mit unterschiedlicher Materialdefinition wurde der nichtlineare Spannungs-Dehnungs-Verlauf stückweise linear angenommen.

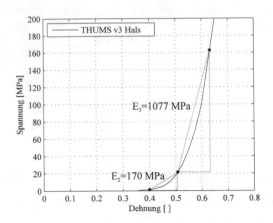

Abbildung 8.7: Spannungs-Dehnungs-Charakteristik für THUMS v3 Fett-/Muskelgewebe (Solid Elemente, Hals)

Aus der Materialdefinition lässt sich ableiten, dass das *THUMS v3* die größte Modellsteifigkeit besitzt. Das *THUMS v3 TUC Erweitert* weist die geringsten E-Moduln für die Elemente des Halses sowie der Haut und somit die geringste Modellsteifigkeit auf. In Yigit et
al. (2014a) konnte der Einfluss der Hautsteifigkeit und -dicke des THUMS-Menschmodells
auf die Insassenkinematik aufgezeigt werden. Die unterschiedliche Kinematik zwischen
THUMS v3 TUC und *THUMS v3 TUC Erweitert* ist primär auf den Unterschied der Materialeigenschaften der Haut zurückzuführen, da die Materialsteifigkeiten beider Modelle bis
auf die der Haut in der gleichen Größenordnung liegen. Der E-Modul für das Fett-/Muskel-
gewebe des Körpers ohne Hals beträgt bei beiden Modellen 1 MPa. Der E-Modul für das
Fett-/Muskelgewebe des Halses beträgt beim *THUMS v3 TUC* ca. 0,55 MPa und beim
THUMS v3 TUC Erweitert ca. 0,44 MPa. Der E-Modul der Haut beträgt beim *THUMS v3
TUC* 22 MPa, während das *THUMS v3 TUC Erweitert* einen E-Modul der Haut von 1 MPa
aufweist.

8.4 Zusammenfassung

Es zeigt sich, dass die Kinematikdaten aus den Probandenversuchen eine starke Streuung aufweisen. Das deckt sich mit den Studien von Östh et al. (2013) und Olafsdóttir et al. (2013). Bei den maximalen Vorverlagerungen des Dummys zeigen Simulationsmodell und realer Dummy eine sehr gute Übereinstimmung. Die Maximalwerte der Vorverlagerung wie auch das zeitliche Verhalten decken sich bis zum Zeitpunkt $t = 0,5$ s. Bei der Rückbewegung zeigen sich Unterschiede zwischen Simulation und Hardware-Dummy. Es konnten Aussagen bisheriger Studien wie beispielsweise in Beeman et al. (2012) und Huber et al. (2013b) bestätigt werden, die ebenso eine zu hohe Dummy-Steifigkeit für die Abbildung der Insassenkinematik bei Notbremslastfällen zeigten. Außerdem ist davon auszugehen, dass sowohl Dummy- als auch virtuelle Menschmodelle zu hohe Gesamtsteifigkeiten in Bezug auf die Insassenkinematik bei Notbremsszenarien aufweisen. Die bisherige Validierung solcher Modelle beschränkt sich auf biomechanische Impaktor- sowie Crashversuche mit Körperteilen und Leichen.

Eine lebende Person, die auf ein Ereignis mit Muskelaktivierung reagiert, versteift den Körper. Es ist anzunehmen, dass die Vorverlagerung einer Leiche bei einem Notbremslastfall größer ausfällt als die einer lebenden Person. Unter Berücksichtigung dieser Annahme muss die Vorverlagerung der passiven Simulationsmodelle größer als die der Probanden ausfallen. Es konnte gezeigt werden, dass die Vorverlagerungen und die Rotationen des *THUMS v3 TUC Erweitert* außerhalb der Probandenkorridore liegen. Die Erweiterung des *THUMS v3 TUC* mit angepasstem Materialverhalten aus den Literaturdaten führt zu einer Reduzierung der Gesamtmodellsteifigkeit. Zur Simulation unterschiedlicher Insassen bedarf es dieser Änderung der Modellsteifigkeit. Es ist folglich nötig, die Steifigkeit der passiven Körperteile zu reduzieren und eine Versteifung des Modells über die Aktivierung von Muskelelementen zu realisieren.

9 THUMS-Kinematik bei vorgegebenen Muskelaktivierungen

Im vorliegenden Kapitel wird gezeigt, wie sich die Aktivierung der Hill-type-Elemente auf die Insassenkinematik bei Notbremslastfällen auswirkt. Mit vorgegebenen Muskelaktivierungsfunktionen der Streckmuskeln wurde untersucht, in welcher Größenordnung der Einfluss der Muskelaktivität auf die Insassenkinematik liegt. Die Aktivierung der 1D Hill-type-Muskelelemente führt zu einer Muskelkraft, d.h. das Element neigt zur Kontraktion. Für die vollständige Definition des Hill-type-Muskelmodells sei hier auf Kapitel 4.1 verwiesen.

9.1 Aktivierung mittels konstantem Muskelaktivierungslevel

Abbildung 9.1 zeigt konstante Aktivierungslevel über der Zeit, welche als Eingangsfunktionen in der Hill-type-Definitionen hinterlegt werden. Die konstanten Aktivierungen haben in den Elementen einen sofortigen Kraftanstieg in den Hill-type-Elementen zur Folge. Die Untersuchung dient zur Ermittlung des Kinematikverhaltens des Menschmodells bei einem Notbremsmanöver mit 1 g Verzögerung und soll aufzeigen, wie sich die Bewegungsmuster infolge einer konstanten Muskelaktivität verändern. Es wurde der gleiche Lastfall wie in Kapitel 7.2 gewählt (12 km/h Notbremsung mit Beckengurt).

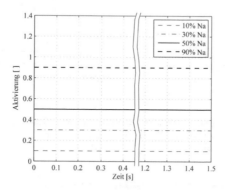

Abbildung 9.1: Konstante Aktivierungslevel für Hill-type-Muskelelemente

Abbildung 9.2 zeigt die Kopf- und Rumpfkinematik der Probanden und die entsprechende Kinematik der Simulationsmodelle.

© Springer Fachmedien Wiesbaden GmbH 2018
E. Yigit, *Reaktives FE-Menschmodell im Insassenschutz*,
AutoUni – Schriftenreihe 114, https://doi.org/10.1007/978-3-658-21226-1_9

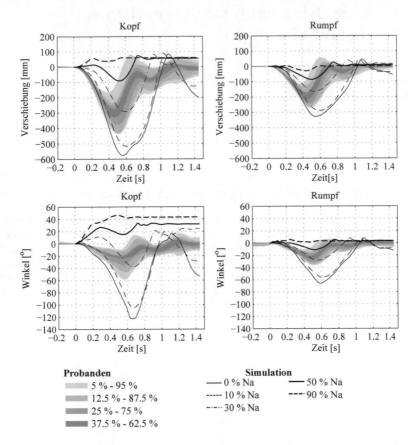

Abbildung 9.2: Kopf- und Rumpfkinematik; Vergleich zwischen Versuch (Probandenkorridor) und
Simulation mit dem THUMS v3 TUC Erweitert mit vorgegebenen, konstanten Aktivierungslevel

Bei der Kopfkinematik zeigt sich ein signifikanter Einfluss der konstanten Muskelaktivierungslevel N_a. Die Simulation ohne Muskelaktivität zeigt eine Kopfvorverlagerung von 550
mm. Die Simulation mit einem konstanten Muskelaktivierungslevel von 0,9 hingegen zeigt
eine Kopfrückbewegung von -60 mm. Bei der Kopfrotation zeigt sich eine signifikante
Rückbewegung für die Simulationen mit einer Muskelaktivierung von 0,5 und 0,9. Die hohen Aktivierungen und die damit erzeugten hohen Strecker-Muskelkräfte bewegen das Modell zu einer frühen Phase in die entgegengesetzte Richtung. Die Rumpfvorverlagerung der
Simulationen liegt zwischen 20 mm und 320 mm. Der Rumpfwinkel liegt zwischen 65°
und -5°. Bei der Rumpfbewegung zeigt sich keine signifikante Rückverlagerung infolge
einer hohen Aktivierung im Simulationsmodell. Mit hohen Muskelaktivitäten der Strecker

wird die Vorverlagerung fast vollständig unterbunden. Zudem zeigt sich im Vergleich zwischen der Rumpf-und Kopfbewegung, dass der Rumpf eine geringere Variation der Endposition aufweist.

Im Vergleich zwischen Versuch und Simulation zeigt sich, dass die Simulation lediglich einen begrenzten Abschnitt des Probandenkorridors abbildet. Sowohl die maximalen Vorverlagerungen für Kopf und Rumpf als auch das zeitliche Verhalten der Vorverlagerung in der Simulation werden stark durch die Höhe der Aktivierungslevel beeinflusst. In den Versuchen zeigt sich keine Unterbindung der Vorverlagerung sowie Rückverlagerung der Probanden in der Verzögerungsphase.

9.2 Aktivierung mittels nichtlinearer Muskelaktivierungsfunktion

Der in dieser Studie verwendete Aktivierungsverlauf wurde in Anlehnung an die Aktivierungsfunktion nach Winters und Stark (1985), (1987) gewählt. Die im Rahmen dieser Arbeit verwendeten Muskelaktivierungscharakteristiken sind in Abbildung 9.3 dargestellt. Es wurde eine durchschnittliche Muskelaktivierungszeit von 117 ms angenommen (siehe Kapitel 7.3). Es wurde der gleiche Lastfall wie in Kapitel 7.2 gewählt (12 km/h Notbremsung mit Beckengurt) und die Aktivierungsfunktionen wurden allen Hill-type-Elementen der Streckmuskeln zugewiesen.

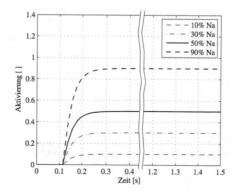

Abbildung 9.3: Nichtlineare Aktivierungsfunktion für Hill-type-Muskelelemente

Abbildung 9.4 zeigt die Kopf- und Rumpfkinematik der Probanden und die entsprechende Bewegungskinematik der Simulationsmodelle.

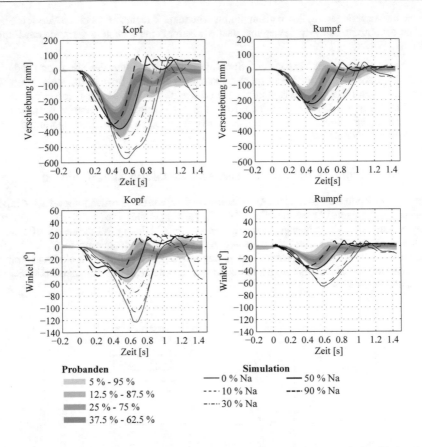

Abbildung 9.4: Kopf- und Rumpfkinematik; Vergleich zwischen Versuch (Probandenkorridor) und
Simulation mit dem THUMS v3 TUC Erweitert mit nichtlinearer Muskelaktivierungsfunktion

Bei der Kopfkinematik zeigt sich ein signifikanter Einfluss der Muskelaktivierung. Die Simulation ohne Muskelaktivität zeigt eine Kopfvorverlagerung von 550 mm. Die Simulation
mittels Muskelaktivierungslevel N_a von 0,9 zeigt hingegen eine Kopfvorverlagerung von
350 mm.

Bei der Kopfrotation zeigt sich eine plateauähnliche Charakteristik für die Simulationen mit
den Muskelaktivierungslevel 0,5 und 0,9. Der Bereich der Kopfrotation aus den Simulationen liegt sich zwischen 50° und 120°. Die Rumpfvorverlagerung der Simulationen liegt
zwischen 200 mm und 320 mm. Der Rumpfwinkel liegt zwischen 35° und 65°.

Bei allen Verläufen zeigt sich ein verzögertes Auftreten des Vorverlagerungsmaximums mit
geringerer Muskelaktivität. So beträgt die maximale Kopfvorlagerung bei der Simulation

ohne Muskelaktivität bei t = 0,55 s, während das Maximum in der Simulation mit Muskelaktivierungslevel 0,9 bei t = 0,4 s liegt.

Im Vergleich zwischen Versuch und Simulation zeigt sich, dass die Simulation lediglich einen begrenzten Abschnitt des Probandenkorridors abbildet. Sowohl die maximalen Vorverlagerungen für Kopf und Rumpf als auch das zeitliche Verhalten der Vorverlagerung in der Simulation werden stark durch die Höhe der Aktivierungslevel beeinflusst. Die in dieser Studie verwendete Aktivierung bei t = 117 ms führt zu einem verzögerten Aufbau von Muskelkräften im Modell. Eine Rückbewegung des Modells zu Beginn der Verzögerungsphase, wie in Kapitel 9.1 dargelegt, ist nicht ersichtlich.

9.3 Zusammenfassung

Im Vergleich zwischen Versuch und Simulation zeigt sich, dass die Simulationen mit vorgegebenen Muskelaktivierungen lediglich einen begrenzten Abschnitt des Probandenkorridors abbilden. Bei den Simulationen mit konstanter Muskelaktivierungsfunktion zeigt sich, dass mit einem Muskelaktivierungslevel 0,9 die Vorverlagerung unterbunden wird und es teilweise zu einer Rückverlagerung des Modells kommt. Dies ist auf die hohe Muskelaktivität im Modell zurückzuführen, welche schon zu Beginn herrscht. Im Vergleich zum Rumpf zeigt der Kopf eine wesentlich höhere Sensitivität der Kinematik bezüglich der Muskelaktivierung.

Bei den Simulationen mittels verzögerter, nichtlinearer Muskelaktivierungsfunktion zeigt die Vorverlagerung einen geringeren Bewegungskorridor als bei den Simulationen mit konstanten Aktivierungen. Die simulierte Insassenkinematik mit verzögerter, nichtlinearer Muskelaktivierungsfunktion weist höhere Vorverlagerungen im Vergleich zum Mittelwert der Probandenvorverlagerungen auf. Dies liegt darin begründet, dass sich das Menschmodell mit der verzögerten Muskelaktivität bis t = 117 ms unversteift bewegt und erst ab ca. t = 250 ms die maximale Aktivierung einsetzt.

Diese Studie zeigt, dass neben den Aktivierungslevels das zeitliche Einleiten der Aktivierung relevanter Muskeln von entscheidender Bedeutung ist. Die sog. Rekrutierung der Muskeln ist daher anzustreben, um ein reaktives Verhalten simulieren zu können. Eine vorgegebene Muskelaktivierung, wie sie bei einigen Studien eingesetzt wurde, ist bei zukünftigen Pre-Crash-Simulationen nicht zielführend. Die Entscheidung darüber, welcher Muskel zu welchem Zeitpunkt aktiviert werden muss, ist im Modell in Form von Ziel- und Regelgrößen zu hinterlegen.

10 Pre-Crash-Insassensimulation mit reaktivem THUMS

Das Ziel dieser Arbeit war es, die Aktivierung und Rekrutierung der Muskelelemente regelungsbasiert zu realisieren. Aus dem vorherigen Kapitel zeigt sich, dass neben dem Aktivierungslevel auch der Zeitpunkt der Aktivierung einen signifikanten Einfluss auf die Insassenkinematik hat. Dem in Kapitel 8.2 gezeigten Menschmodell *THUMS v3 TUC Erweitert* wurde die λ-Regelung implementiert. Diese verändert die Regelgröße *Muskelaktivierungslevel N_a* so, dass die Zielgröße *Muskellänge l_{ce}* bei Überdehnung wieder in die Ursprungslage eingeregelt wird. Je nachdem, ob eine Beugung oder Streckung der betreffenden Körperregion stattfindet, kommt es bei der einen Muskelgruppe zur Dehnung und bei der anderen zu einer Stauchung. Die gedehnte Muskelgruppe wirkt der Bewegung infolge der eingeleiteten Kontraktionskraft entgegen.

Aufgrund der hohen Berechnungsdauer wurde die Anzahl der λ-Regelungen (Kapitel 4.2) auf 20 begrenzt, sodass nicht jedes der 334 Hill-type-Elemente (Anhang Tabelle A.3) individuell zu regeln ist. Es wurden 20 Referenz-Hill-type-Elemente (Kapitel 4.1) gewählt, die mit der λ-Regelung gekoppelt wurden. Die Referenzelemente wurden nach Körperbereichen und Funktion ausgewählt. Für die Bereiche Kopf, Hals, Lenden, Abdomen und Oberschenkel wurden je Körperhälfte ein Beuge- und ein Streckmuskelelement der jeweiligen Muskelgruppe als Referenz gewählt. Die Aktivierung der Referenzmuskeln wird innerhalb der Gruppe an die übrigen Hill-type-Elemente übergeben. Abbildung 10.1 zeigt das virtuelle Menschmodell mit den 20 Referenz-Hill-type-Elementen und die schematische Darstellung der Kopplung aus λ-Regelung und Hill-type-Element. Nachfolgend wird dieses Modell *reaktives THUMS* genannt. Mittels Parameteruntersuchung konnten diejenigen Parameter der Regelung identifiziert werden, mit denen das FE-Menschmodell die Insassenkinematik der Probanden in guter Näherung abbildet.

Tabelle 10.1 zeigt die in dieser Studie eingesetzten Regelparameter und deren Klassifizierung im *reaktiven THUMS*. Die Parameter wurden für die Streck- und Beugemuskeln (Anhang Tabelle A.3) identisch gewählt. Es zeigte sich, dass zur Abbildung der Insassenkinematik mit geringer Vorverlagerung die Erhöhung der Grundaktivierung der Hüftstrecker notwendig ist, damit eine ausreichende Steifigkeit der Hüfte (Hüftrotation) gewährleistet ist und somit die starke Vorverlagerung des Oberkörpers unterbunden werden kann.

© Springer Fachmedien Wiesbaden GmbH 2018
E. Yigit, *Reaktives FE-Menschmodell im Insassenschutz*,
AutoUni – Schriftenreihe 114, https://doi.org/10.1007/978-3-658-21226-1_10

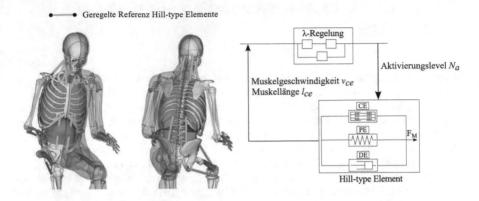

Abbildung 10.1: Referenz-Hill-type-Element sowie schematische Darstellung der Kopplung aus λ-Regelung und Hill-type-Element

Tabelle 10.1: Parametersätze des reaktiven THUMS, *Hüftstrecker

	Beugemuskeln				Streckmuskeln			
Klassifizierung	κ₁	δ₁	σ₁ [1/s]	q₀	κ₁	δ₁	σ₁ [1/s]	q₀
Geringe Anspan- nung	2	0,01	80	0,1	2	0,01	80	0,1
Moderate An- spannung	5	0,03	130	0,1	7	0,06	160	0,1
Hohe Anspan- nung	3	0,05	80	0,1	10	0,09	200	0,1 (0,6)*

10.1 Validierung der Insassenkinematik beim Notbremslastfall

Zur Validierung des reaktiven Menschmodells wurden die Lastfälle aus Kapitel 7.2 herangezogen. Es wurde eine vereinfachte Abbildung des Fahrzeugs aus Sitz, Kopfstütze, Gurt, Fußablage und dem Beschleunigungsverlauf in das Simulationsmodell übertragen. Das Gieren des Fahrzeugs wurde in der Simulation nicht berücksichtigt. Abbildung 10.2 zeigt das Insassen-Simulationsmodell für die Notbremslastfälle aus 12 km/h mit Beckengurt und 50 km/h mit Dreipunktgurt.

Abbildung 10.2: Insassen- und Fahrzeugmodelle für die Notbremslastfälle aus 12 km/h (links) und 50 km/h (rechts)

Das Menschmodell ist in der Beifahrerposition gegurtet, analog zu den Probanden aus den Versuchen. Aufgrund kontinuierlich verbundener Elemente ist die Positionierung von FE-Menschmodellen im Vergleich zu MKS-Modellen mit höherem Aufwand verbunden. Beim *reaktiven THUMS* ist das Auflegen der Hände auf die Oberschenkel mit aufwändigen Ummodellierungen verbunden, da neben der Rotation der Ober- und Unterarme auch die Pronation der Unterarme berücksichtigt werden muss. Die Abweichung durch die abgelegten Arme der Probanden ist als gering anzusehen, da die Probanden instruiert wurden, sich nicht an den Oberschenkeln abzustützen. Die Geometrie sowie das Material der Sitzmodelle entsprechen den im Versuch verwendeten Sitzen. Für die Validierung der Insassenkinematik wurde der Kopf- und Rumpfmesspunkt im Simulationsmodell analog zu den resultierenden Marker-Positionen der Probanden gewählt (siehe Abbildung 7.2c).

10.1.1 Ergebnisse Lastfall ‚12 km/h mit Beckengurt‘

Wie in Tabelle 10.1 angegeben, wurden hier drei verschiedene λ-Regelparametersätze verwendet, welche die Möglichkeit bieten, die Modellsteifigkeit zu parametrisieren. Abbildung 10.3 zeigt Animationssequenzen des reaktiven Menschmodells zu unterschiedlichen Zeiten im Notbremslastfall aus 12 km/h. Die Modelle erreichen die maximale Vorverlagerung bei ca. t = 0,6 s. Im Fall des *reaktiven THUMS* mit hoher Anspannung zeigt sich eine stärkere Kopfstreckung infolge des größeren Unterschieds der Parameterwerte für die Streck- und Beugemuskelparameter.

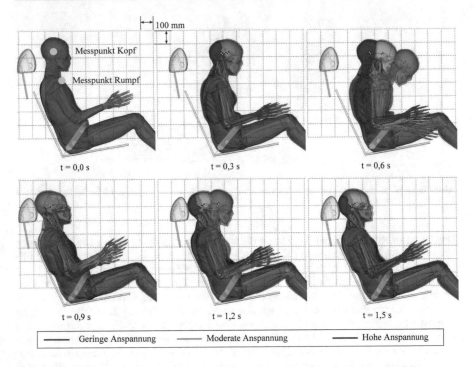

Abbildung 10.3: Animationssequenzen des reaktiven THUMS im 12 km/h-Notbremslastfall

Abbildung 10.4 zeigt die Kopf- und Rumpfkinematik der Probanden und die entsprechende Bewegung des *reaktiven THUMS*. Die graue Fläche repräsentiert den Bewegungskorridor der Probanden. Der dunkelste graue Bereich enthält den Bewegungsbereich 25 % aller Probanden. Die nächsthelleren Bereiche repräsentieren entsprechend 50 %, 75 % und 90 % der Probanden. Bei den durchgezogenen Linien handelt es sich um die Kinematikdaten aus den Simulationen.

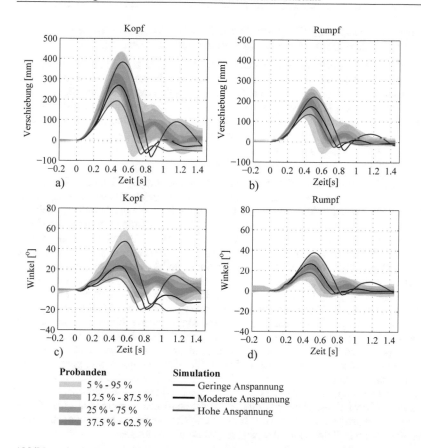

Abbildung 10.4: Kopf- und Rumpfkinematik der Probanden und des reaktiven THUMS mit unterschiedlichen λ-Regelparametern beim Notbremslastfall mit 12 km/h und Beckengurt; Kopfvorverlagerung a), Rumpfvorverlagerung b), relativer Kopfwinkel c), relativer Rumpfwinkel d)

Beim Vergleich der Kopfvorverlagerung und -rotation zwischen Probanden und Simulationsmodell zeigt sich, dass der Probandenkorridor bis in die maximale Vorverlagerungsphase bei t = 0,5 s gut abgebildet wurde. Jedoch zeigt sich eine Verschiebung des Zeitpunks
der maximalen Vorverlagerung und Rotation des *reaktiven THUMS* mit dem Grad der Muskelanspannung. Die Abbildung der Rebound-Phase zeigte große Unterschiede beim Vergleich der maximalen Vorverlagerungen wie auch des zeitlichen Verhaltens. Deutlich zu
erkennen ist, dass mit geringerer Anspannung des *reaktiven THUMS* der Rebound-Effekt
stärker ausgeprägt ist.

Beim Vergleich der Rumpfvorverlagerung und -rotation zwischen Probanden und Simulationsmodell zeigt sich ebenso eine gute Übereinstimmung des Probandenkorridors und der

Bewegungen des *reaktiven THUMS* bis in die maximale Vorverlagerungsphase bei t = 0,5 s. Der Rebound-Effekt wirkt sich beim Rumpf weniger stark als beim Kopf aus.

Es zeigt sich, dass mit Hilfe der Regelparameter im Simulationsmodell die Maximal- und Minimalvorverlagerung sowie das zeitliche Verhalten der Probanden in der Vorverlagerungsphase gut abgebildet werden können. Bei der Interaktion zwischen dem Sitz und dem *reaktiven THUMS* in der Rückverlagerungsphase kommt es zu einem Rebound-Effekt, der auf eine zu hohe Elastizität des Modells bzw. eine zu geringe Dämpfung in den Muskelelementen zurückzuführen ist. Die simulierten Bewegungen repräsentieren einen großen Bereich der Probandenbewegungen. Die maximalen Vorverlagerungen zeigen im Vergleich zu den Probandendaten einen geringen zeitlichen Versatz.

Abbildung 10.5 zeigt die Muskelaktivierungen der Muskelgruppen Rumpf, Nacken und Hüfte. Trotz der Sprünge und des oszillierenden Verhaltens der Muskelaktivierung, welche auf die Parallelisierung der Simulation und der Kommunikation zwischen FE-Modell und dem Regler zurückzuführen ist, soll an dieser Stelle die Betrachtung der geregelten Muskelaktivierungen erfolgen. Es zeigt sich zunächst ein Abfall der Aktivierungen der Beugemuskeln bis ca. 0,6 s und im gleichen Zeitraum ein Anstieg der Aktivierung bei den Streckmuskeln. Teilweise fallen die Aktivierungen auf die Grundaktivierung q_0 (konstanter Bereich). Es zeigt sich ein Regelverhalten, das bei sich dehnenden Referenzelementen mit steigender Aktivierung und bei sich stauchenden Referenzelementen mit einer sinkenden Aktivierung reagiert. Eine Ausnahme bilden die Referenzelemente der Hüftstrecker in den Simulationen mit hoher Anspannung, welche hohe Aktivierungen über die gesamte Zeitdauer zeigen. Infolge der hohen Muskelaktivierung durch die λ-Regelparameter $\sigma_l = 200$ und $\kappa_l = 10$ verkürzen sich die Hüftstrecker stärker als im Vergleich zu den Simulationen mit kleineren σ_l- und κ_l-Werten. Anders als in den Simulationen mit den Regelparametern der geringen und moderaten Anspannung (siehe Tabelle 10.1) findet bei hoher Anspannung eine starke Verkürzung des Hüftstreckers (*Biceps femoris*) statt. Die Verkürzung hat zur Folge, dass der Muskelansatzknochen Fibula (Wadenbein) in Richtung Hüfte (Muskelursprung *Biceps femoris*) verschoben wird. Diese Verschiebung ist auch nach der Rückrotation des Modells im Fall der hohen Anspannung weiterhin vorhanden.

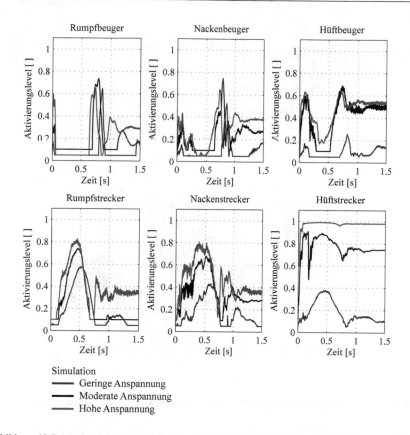

Abbildung 10.5: Muskelaktivierungen der Muskelgruppen des reaktiven THUMS mit unterschiedlichen λ-Regelparametern beim Notbremslastfall mit 12 km/h und Beckengurt; Rumpf, Nacken und Hüfte

10.1.2 Ergebnisse Lastfall ‚50 km/h mit Dreipunktgurt‘

Abbildung 10.6 zeigt Animationssequenzen des reaktiven THUMS zu unterschiedlichen Zeiten im Notbremslastfall aus 50 km/h mit Dreipunktgurt. Die Modelle zeigen keine signifikanten Unterschiede in der Rumpfvorverlagerung aufgrund der Begrenzung durch den Brustgurt infolge der Gurtauszugssperre, die bei einer Überschreitung eines Schwellwerts der Fahrzeugverzögerung oder der Gurtauszugsgeschwindigkeit den Gurtauszug blockiert. Es zeigen sich jedoch Unterschiede in der Kopfkinematik.

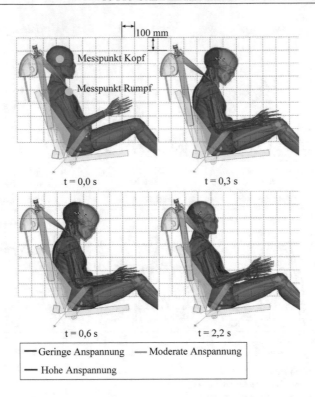

Abbildung 10.6: Animationssequenzen des reaktiven THUMS in 50 km/h Notbremslastfall

Abbildung 10.7 zeigt die Kopf- und Rumpfkinematik der Probanden und die entsprechende Bewegungskinematik des *reaktiven THUMS*. Der dunkelste graue Bereich enthält den Bewegungsbereich 25 % aller Probanden. Die nächsthelleren Bereiche repräsentieren entsprechend 50 %, 75 % und 90 % der Probanden. Bei den durchgezogenen Linien handelt es sich um die Kinematikdaten aus den Simulationen.

Beim Vergleich der Kopfvorverlagerung und -rotation zwischen Probanden und Simulationsmodell zeigt sich, dass der Probandenkorridor gut nachgebildet werden konnte, jedoch die Kopfrotation mit den Parametern für die geringe Anspannung im Simulationsmodell um 15° außerhalb des Probandenkorridors liegt. Anders als bei den Probanden, zeigt das *reaktive THUMS* ein Überschwingen der Kopfvorverlagerung sowie -rotation bei t = 0,5 s für alle drei Anspannungszustände.

Beim Vergleich der Rumpfvorverlagerung und -rotation zwischen Probanden und Simulationsmodell zeigt sich, dass alle drei Simulationsläufe mit den jeweiligen Anspannungszuständen innerhalb des Probandenkorridors liegen. Jedoch zeigen alle drei Verläufe ähnlich hohe Rumpfvorverlagerungen, sodass der Probandenkorridor in seiner gesamten Breite nicht abgebildet werden konnte.

Die Bewegung des Rumpfs wird sehr stark durch die Gurtlose bzw. die Gurtauszugssperre des Sicherheitsgurtes begrenzt. In diesem Lastfall hat der Zeitpunkt der Gurtauszugssperre einen wesentlichen Einfluss auf die Vorverlagerung des Rumpfs. Der Anstieg der Vorverlagerungen des *reaktiven THUMS* zeigt eine gute Übereinstimmung mit denjenigen aus den Probandenversuchen, wobei die Rückverlagerungsbewegung des Simulationsmodells Unterschiede zu den Probandenversuchen zeigt.

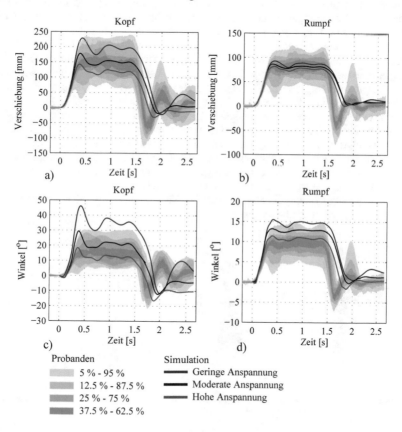

Abbildung 10.7: Kopf- und Rumpfkinematik der Probanden und des reaktiven THUMS mit unterschiedlichen λ-Regelparametern beim Notbremslastfall mit 50 km/h und Dreipunktgurt; Kopfvorverlagerung a), Rumpfvorverlagerung b), relativer Kopfwinkel c), relativer Rumpfwinkel d)

Das Überschwingen des Kopfes ist durch die Wechselwirkung und die Relativbewegung zwischen Kopf/Nacken und Rumpf zu begründen. In diesem Lastfall wird die Vorverlagerung des Oberkörpers durch die Gurtauszugssperre limitiert. Der Kopf befindet sich jedoch zum Zeitpunkt der Ankopplung des Oberkörpers an die Fahrzeugverzögerung noch in der

Bewegungsphase mit annähernd konstanter Geschwindigkeit. Das Überschwingen im Simulationsmodell deutet auf eine unzureichende Stabilisierung des Kopfs mit der in dieser
Arbeit verwendeten Muskelmodellierung hin. In diesem Lastfall erfährt der Kopf wech-
selnde Belastungen, die über ein Wechselspiel der Beuge- und Streckmuskelaktivierungen
abgefangen werden müssen, um den Kopf zu stabilisieren.

Abbildung 10.8 zeigt die drei Phasen der Relativbewegung zwischen Kopf und Rumpf des
Insassen mit Dreipunktgurt in der Vorverlagerungsphase. In der ersten Phase erfährt der
Insasse noch keine Verzögerung infolge des Abbremsens des Fahrzeugs. Die zweite Phase
zeigt die Ankopplungsphase mit dem Gurt. In dieser Phase ist der Dreipunktgurt der limi-
tierende Faktor der Insassenvorverlagerung. Mit der Verwendung ausschließlich eines Be-
ckengurtes jedoch wird der Rumpf lediglich durch Aktivierung der Streckmuskel im Rücken abgebremst. Aufgrund der Trägheit und des geringeren Verhältnisses zwischen der
Nackenmuskulatur und der Kopfmasse bewegt sich der Kopf in der zweiten Phase weiterhin
mit annähernd konstanter Geschwindigkeit. Die zum Rumpf relative Kopfgeschwindigkeit
wird bei moderaten Beschleunigungen durch die Aktivierung ausreichender Muskeln verringert und führt zur Abbremsung des Kopfs in der dritten Phase. Je nach Muskelmasse und
Aufmerksamkeitszustand des Probanden kann der Zeitpunkt der stabilen Kopfposition stark
streuen. Im Fall von hohen Beschleunigungen, bei denen die Stabilisierung der Kopfposition nicht über die Aktivierung der Nackenmuskeln allein realisiert werden kann, wirken
infolge einer Überdehnung die Steifigkeiten der Nackenmuskulatur, der Bänder sowie der
Bandscheiben der Bewegung entgegen.

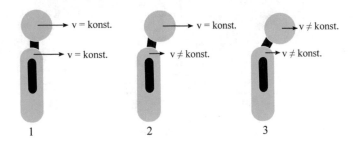

Abbildung 10.8: Relativbewegung zwischen Kopf und Rumpf des Insassen mit Dreipunktgurt in der
Vorverlagerungsphase

Mit dem Überschwingen des Kopfes beim *reaktiven THUMS*, das in der Simulation mit
geringer Anspannung am signifikantesten ausgeprägt ist, lässt sich erklären, dass die Stabilisierung in Phase 3 unzureichend ist. Eine unzureichende Kokontraktion der Streck- sowie
Beugemuskeln oder ein zu spätes Reagieren des Reglers sind mögliche Ursachen. Es kommt
hierbei zu einem erhöhten Unterschied zwischen der Kopf- und der Rumpfgeschwindigkeit.
Der Kopf/Nacken-Bereich erfährt eine Rotation, die jedoch nur mit einer entsprechenden
Verzögerung über die Muskelkräfte abgefangen werden kann.

Abbildung 10.9 zeigt die Muskelaktivierungen der Muskelgruppen Rumpf, Nacken und
Hüfte. Aufgrund der geringen Rumpfbeugung ist eine entsprechend geringe Aktivierung in

den Rumpfbeugemuskeln zu erkennen. Der Anstieg wie auch der Abfall der Rumpfmus-
kelaktivierung geht mit der Bewegung des Insassen einher. Dies ist auch bei den Aktivierungen für die Nackenmuskulatur und bei den Hüftbeugemuskeln zu sehen. Eine Ausnahme
bilden die Hüftstrecker, die über die gesamte Dauer hohe Muskelaktivierungen zeigen. Anders als in den Simulationen mit den Regelparametern der geringen und moderaten Anspannung (siehe Tabelle 10.1) findet im Fall mit hoher Anspannung eine starke Verkürzung des
Hüftstreckers (*Biceps femoris*) statt. Die Verkürzung hat zur Folge, dass der Muskelansatzknochen Fibula (Wadenbein) in Richtung Hüfte (Muskelursprung *Biceps femoris*) verschoben wird. Diese Verschiebung ist auch nach der Rückrotation des Modells im Fall der hohen
Anspannung weiterhin vorhanden.

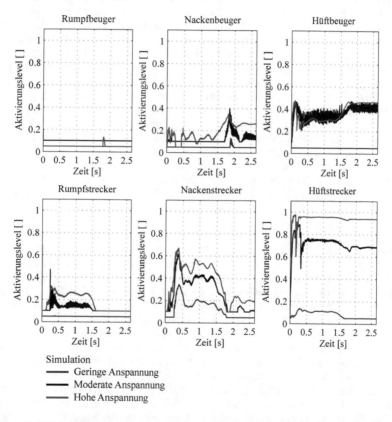

Abbildung 10.9: Muskelaktivierungen der Muskelgruppen des reaktiven THUMS mit unterschiedlichen λ-Regelparametern beim Notbremslastfall mit 50 km/h und Dreipunktgurt;
Rumpf, Nacken und Hüfte

10.2 Zusammenfassung

Zur Validierung des *reaktiven THUMS* wurden zwei Notbremslastfälle mit unterschiedlichen Randbedingungen herangezogen. Beim ersten Lastfall handelte es sich um Notbremsmanöver aus 12 km/h, bei denen Probanden auf einem Referenzsitz aus Holzplatten saßen und lediglich am Becken gegurtet waren. Bei diesem Lastfall war eine große Vorverlagerung zu sehen, da hier kein Brustgurt vorhanden war und somit die Vorverlagerung nicht beschränkt wurde. Mit Hilfe des *reaktiven THUMS* und unterschiedlichen Regelparametersätzen der λ-Regelung wurden Bewegungen abgebildet, die einen signifikanten Bereich des Probandenkorridors repräsentieren. Die simulierten Daten lagen zum größten Teil innerhalb des Probandenkorridors. Es zeigt sich in diesem Lastfall, dass das *reaktive THUMS* 85 % des Kopfvorverlagerungs- und 60 % des Rumpfvorverlagerungskorridors der Probanden abbildet. Des Weiteren zeigt sich, dass das *reaktive THUMS* 72 % des Kopfrotations- und 78 % des Rumpfrotationskorridors der Probanden abbildet. Deutlich ist zu erkennen, dass die Abbildung der Vorverlagerung ein gutes zeitliches Verhalten aufweist, während die Rückverlagerungsbewegung große Unterschiede zwischen Simulation und Probandenversuchen zeigte. Nach der Interaktion zwischen Sitz und *reaktiven THUMS* infolge der Rückbewegung kommt es zu einem Rebound-Effekt, der bei den Probanden wesentlich geringer ausgeprägt ist. Dies ist beim *reaktiven THUMS* auf die Elastizität des Modells bzw. eine zu geringe Dämpfung in den Muskelelementen zurückzuführen. Beim zweiten Lastfall handelte es sich um Notbremsmanöver aus 50 km/h, bei denen die Probanden auf einem Referenzsitz aus Schaumstoff saßen und ein Dreipunktgurt verwendet wurde. In diesem Lastfall wurden das reaktive Menschmodell wie auch die drei Regelparametersätzen der λ-Regelung aus dem vorherigen Lastfall (12 km/h) herangezogen, um Bewegungen zu simulieren und diese mit Kinematikdaten aus dem Versuch zu vergleichen. Bei diesem Lastfall zeigte sich, dass die mittlere Rumpfvorverlagerung der Probanden um ca. 105 mm und beim *reaktiven THUMS* um ca. 85 mm geringer als im Vergleich zu dem Lastfall mit 12 km/h und der Verwendung eines Beckengurts ausfällt. Mit Hilfe des *reaktiven THUMS* und unterschiedlichen Regelparametern der λ-Regelung wurden Bewegungen abgebildet, die einen signifikanten Bereich der Probandenkorridore abbilden. Die Simulationsverläufe lagen zum größten Teil innerhalb des Probandenkorridors. Es zeigte sich in diesem Lastfall, dass das *reaktive THUMS* 12 % des Rumpfvorverlagerungs- und 27 % des Rumpfrotationskorridors der Probanden abbildet. Des Weiteren konnten mit dem *reaktiven THUMS* 39 % des Kopfvorverlagerungs- und 38 % des Kopfrotationskorridors der Probanden abgebildet werden. Die geringe Bandbreite der Rumpfvorverlagerung und -rotation beim *reaktiven THUMS* ist auf die Gurtauszugssperre des Sicherheitsgurtes zurückzuführen. In der Realität sperrt der Gurt nach dem Überschreiten eines Schwellwertes der Fahrzeugverzögerung oder einer Gurtauszugsgeschwindigkeit. Versuchstechnisch lässt sich der Zeitpunkt der Gurtauszugssperre mit unterschiedlichen Probanden nicht gut reproduzieren und stellt eine Beschränkung dieses Lastfalls dar. Simulativ sperrt der Gurt nach Überschreiten des Schwellenwerts der Fahrzeugverzögerung bei allen Simulationen gleichermaßen und ist somit reproduzierbar. Beim Vergleich der beiden Lastfälle wird deutlich, dass die Zeitdauer der Bremsphase unterschiedlich ausfällt und von der Anfangsgeschwindigkeit abhängig ist. Daher sollten die Rekrutierung der Muskeln bzw. die Muskelaktivierungslevels nicht vorher in Form einer Aktivierungsfunktion dem Modell vorgegeben werden. Vielmehr sollte die Muskelaktivierung, wie es im Fall des *reaktiven THUMS* ist, geregelt werden

11 Untersuchung der Insassenvorverlagerung infolge einer RGS-Straffung

In diesem Kapitel wird die Anwendung des *reaktiven THUMS* in einer realen Fahrzeugumgebung aufgezeigt und der Effekt einer Vorstraffung auf die Kinematik des Insassen als Beifahrer untersucht. Als Versuchsabgleich wurden Notbremsungen aus 80 km/h ohne reversiblen Gurtstraffer (RGS) durchgeführt. Die Versuche wurden in Kooperation mit dem Institut für Fahrzeugtechnik der Technischen Universität Braunschweig durchgeführt. Bei dem Versuchsfahrzeug handelt es sich um ein Golf 7 Highline (1,4 l. TSI, 103 kW, 7 Gang-DSG und DCC-Fahrwerk). Das Einleiten des Bremsvorgangs erfolgte automatisiert durch die Ansteuerung des *Elektronischen Stabilitätsprogramms (ESP)*, um vergleichbare Fahrzeugverzögerungen zu erzielen. Abbildung 11.1 zeigt das Versuchsfahrzeug, den Sitz und den Insassen mit den MC-Marker-Positionen.

Markerposition Kopf

Markerpostion Schulter rechts Markerpostion Schulter links

Abbildung 11.1: Versuchsfahrzeug Notbremsmanöver aus 80 km/h, Sitz, Insasse mit MC Messmarkern

Bei den Versuchen wurden Probanden mit unterschiedlichen Körpermaßen berücksichtigt. Bei dem Probanden in dieser Testreihe handelt es sich um eine männliche Person (1,78 m, 79 kg), dessen Körpermaße und –masse in guter Näherung denen des HIII 50%-Dummys entsprechen.

Die Aufnahme der Probandentrajektorien erfolgte über ein optisches Messsystem mit zwei synchronisierten Hochgeschwindigkeitskameras (AICON MoveInspect HF, Aufnahmefrequenz: 200 Hz). Die Anfangskalibrierung erfolgte mittels Positionierung eines Einmesskreuzes auf dem Sitz und auf den fahrzeugfesten Messmarkern. Es wurden Markertrajektorien für den Kopf (auf der Stirn) sowie die linke und rechte Schulter ausgewertet.

© Springer Fachmedien Wiesbaden GmbH 2018
E. Yigit, *Reaktives FE-Menschmodell im Insassenschutz*,
AutoUni – Schriftenreihe 114, https://doi.org/10.1007/978-3-658-21226-1_11

11.1 Simulation der Notbremsung aus 80 km/h in Fahrzeugumgebung

Zum Vergleich der Insassensimulation mit den Probandendaten wurden die Fahrzeugverzögerungen aus dem Versuch in das Insassenmodell übertragen. Abbildung 11.2a zeigt die
Fahrzeugverzögerung aus den drei Versuchsdurchgängen mit dem 50%-Mann-Probanden.
Die Charakteristik des reversiblen Gurtstraffers wurde nach Östh et al. (2013) gewählt. Abbildung 11.2b zeigt schematisch die Gurtkraftcharakteristik mit der Fahrzeugverzögerung
für den Fall einer Straffung mit 170 N. Die Darstellung zeigt, dass die Straffung des RGS
0,25 s vor Beginn der Notbremsung eingeleitet wird. Zusätzlich wurden Straffkräfte von
370 N und 570 N berücksichtigt.

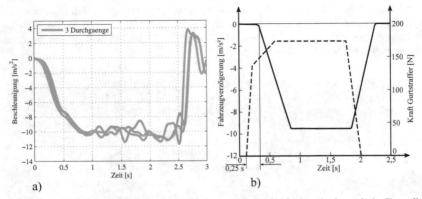

a)   b)

Abbildung 11.2: Fahrzeugverzögerung Notbremsung aus 80 km/h a) und schematische Darstellung
einer RGS-Gurtkraftcharakteristik, welche eine Straffung 0,25 s vor Fahrzeugverzögerung vorsieht (Charakteristik nach Östh et al. *(2013)*) b)

Diese Studie wurde mit dem *reaktiven THUMS* mit den Regelparametern für die moderate
Muskelanspannung durchgeführt, siehe Tabelle 11.1.

Tabelle 11.1: λ-Regelparameter für Moderate Anspannung des reaktiven THUMS

	Beugemuskeln				Streckmuskeln			
Klassifizierung	κ_l	δ_l	σ_l [1/s]	q_0	κ_l	δ_l	σ_l [1/s]	q_0
Moderate An-spannung	5	0,03	130	0,1	7	0,06	160	0,1

11.2 Ergebnisse der Insassenvorverlagerung infolge der RGS-Straffung

Abbildung 11.3 zeigt die Vorverlagerungen des Probanden bei drei Versuchsdurchgängen
und die Kinematik des *reaktiven THUMS* mit unterschiedlichen Gurtspannkräften des reversiblen Gurtstraffers. Der Proband (50%-Mann) zeigt eine Kopfvorverlagerung von maximal 300 mm. Die Schultervorverlagerungen liegen zwischen 150 mm und 210 mm. Aufgrund des Gurtverlaufs über die rechte Schulter kommt es zu einer leichten Rotation des

Oberkörpers, wodurch eine höhere Vorverlagerung der linken Schulter eintritt. Die Vorverlagerungen für Kopf und Schulter des Simulationsmodells ohne Gurtstraffung liegen im Bereich des Probanden und zeigen eine gute zeitliche Übereinstimmung der Vor- und Rückbewegungen. Eine qualitative Betrachtung der Vorwärtskinematik ist anhand eines Probanden jedoch nur bedingt möglich.

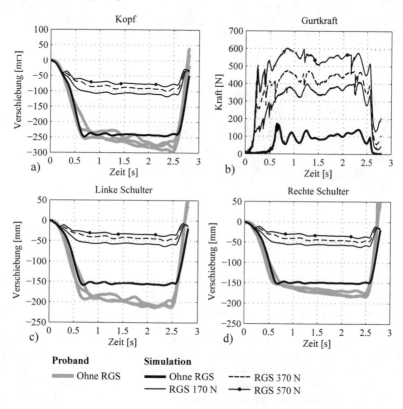

Abbildung 11.3: Kopf- und Schulterkinematik des Probanden (50%-Mann) und des reaktiven THUMS mit und ohne RGS-Straffung beim Notbremslastfall mit 80 km/h; Kopfvorverlagerung a), Gurtkraft am Retraktor b), linke Schultervorverlagerung c), rechte Schultervorverlagerung d)

Die Simulation mit aktivem reversiblen Gurtstraffer und einer Gurtkraft von 170 N verringert im Vergleich zur Simulation ohne RGS die Kopfvorverlagerung um 145 mm und die Schultervorverlagerungen um ca. 100 mm. Mit erhöhter Gurtstraffung von 570 N kann die Kopfvorverlagerung um 175 mm und die Schultervorverlagerung um 120 mm reduziert werden. Bei den Gurtkräften zeigt sich eine um 0,4 s frühere Ankopplung im Fall mit aktivierter RGS-Straffung. Abbildung 11.4 zeigt die Animationssequenzen der Simulationen ohne RGS und mit aktiviertem RGS mit einer Straffkraft von 570 N.

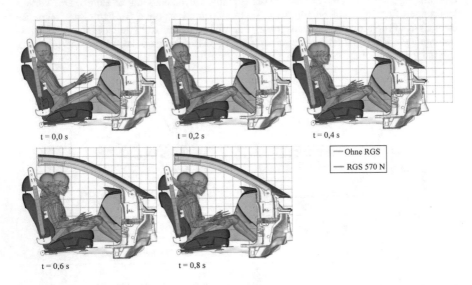

t = 0,0 s   t = 0,2 s   t = 0,4 s

— Ohne RGS
— RGS 570 N

t = 0,6 s   t = 0,8 s

Abbildung 11.4: Animationssequenzen des reaktiven THUMS bei Notbremsmanöver aus 80 km/h mit
und ohne RGS

Die Straffung mit dem RGS ist bereits nach 0,2 s abgeschlossen. Es zeigt sich ein Unterschied der Kopf- sowie Rumpfvorverlagerung zwischen den beiden Simulationen.

Abbildung 11.5 zeigt die Aktivierungslevel der wichtigsten Beuge- und Streckmuskeln des *reaktiven THUMS* der Simulationen ohne RGS und mit aktiviertem RGS (570 N). Die Aktivierungslevel aller Beugemuskeln zeigen in der Simulation ohne RGS einen Sprung bei der Rückverlagerung nach ca. 2,5 s. Die Hüftbeuger zeigen anfangs eine hohe Aktivierung von ca. 0,5, welche in der Simulation ohne RGS signifikant sinkt und erst nach t = 2,5 s wieder den ursprünglichen Wert annimmt. Mit aktiviertem RGS und folglich der Beschränkung der Vorverlagerung zeigt sich eine annähernd konstante Aktivierung über die gesamte Dauer.

Der Abfall der Aktivierung des Hüftbeugers in der Simulation ohne RGS lässt sich damit erklären, dass die Länge der Beugemuskeln in der Vorverlagerung soweit verkürzt wird, dass die Aktivierung auf den Wert $q_0 = 0,1$ fällt. Abbildung 11.6 zeigt die unterschiedlichen Hüftstellungen zum Zeitpunkt t = 0,6 s im Vergleich zur Anfangsposition. Infolge der Vorverlagerung verkürzen sich die Beugemuskeln in beiden Modellen. Jedoch reduziert sich die Länge des Hüftbeugers in der Simulation mit aktiviertem RGS von 374 mm auf 368 mm, während sich der Hüftbeuger in der Simulation ohne RGS auf 363 mm verkürzt. Die zusätzliche Verkürzung führt zu einem Abfall der Aktivierung des Hüftbeugers in der Simulation ohne RGS. Die Hüftstrecker zeigen in beiden Fällen konstante Aktivierungslevel größer 0,8. Dies ist darauf zurückzuführen, dass der Muskelansatzknochen Fibula (Wadenbein) in Richtung Hüfte (Muskelursprung *Biceps femoris*) verschoben wird. Diese Verschiebung ist auch nach der Rückrotation des Modells weiterhin vorhanden.

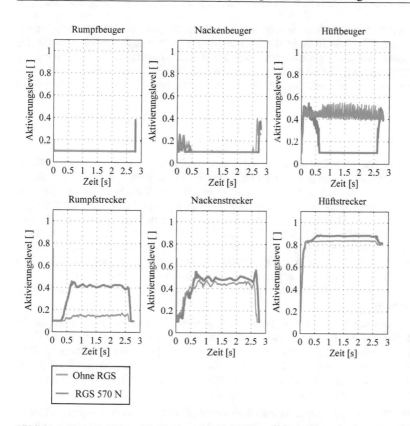

Abbildung 11.5: Aktivierungslevel des reaktiven THUMS bei der Simulation des Notbremsmanövers aus 80 km/h mit und ohne RGS

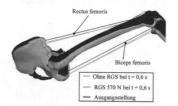

Modelle	Länge Rectus femoris
Ohne RGS (t = 0,6 s)	363 mm
RGS 570 N (t = 0,6 s)	368 mm
Ausgangslänge (t = 0 s)	374 mm

Abbildung 11.6: Unterschiedliche Hüftstellungen des reaktiven THUMS mit und ohne RGS zum Zeitpunkt t = 0,6 s im Vergleich zu der Ausgangsstellung

Die Streckmuskeln zeigen Aktivierungscharakteristika, die mit den Bewegungen korrespondieren. Im Fall ohne RGS ist die Vorverlagerung größer und folglich erfahren die Rumpfstrecker eine größere Aktivierung. Bei den Nackenstreckern verhält es sich anders. Da hier die Bewegungsfreiheit des Kopfes nicht durch den Gurt eingeschränkt wird, weist der Nackenstrecker ähnliche Längenänderungen und Aktivierung jeweils ohne und mit RGS auf.

11.3 Zusammenfassung

Den Zeitpunkt wie auch den Verlauf der Vor- und Rückbewegung des *reaktiven THUMS* bilden die Probandenkurven in sehr guter Näherung ab. Die maximale Kopfvorverlagerung des *reaktiven THUMS* konnte mit einer Abweichung von ca. 9 % abgebildet werden. Die Vorverlagerung der rechten Schulter zeigt eine Abweichung von ca. 14 %. Der größte Unterschied war in der linken Schulterkinematik auszumachen; der Unterschied zwischen *reaktiven THUMS* und Probandenkinematik liegt bei ca. 25 %. Dabei zeigt sich, dass die linke und die rechte Schulter des *reaktiven THUMS* eine annähernd gleiche Schultervorverlagerung aufweisen. Der Proband zeigt eine größere Rotation um die Körperhochachse. Die Rotation ist auf die asymmetrische Gurtführung zurückzuführen und zeigt, dass das *reaktive THUMS* diese Kinematik noch unzureichend abbildet. Folglich ist das Modell um die Körperhochachse noch zu steif.

Bei der simulativen Untersuchung des Einflusses eines reversiblen Gurtstraffers in der Pre-Crash-Phase mit Hilfe des Menschmodells konnte gezeigt werden, dass eine RGS-Straffung mit 170 N Straffkraft zu einer Reduzierung der Kopfvorverlagerung um ca. 60 % und der Schultervorverlagerungen um ca. 67 % führt. Mit einer RGS-Straffkraft von 570 N zeigt sich mit dem *reaktiven THUMS* eine Reduzierung der Kopfvorverlagerung um ca. 71 % und der Schultervorverlagerungen um ca. 80 %.

Eine Einschränkung des Vergleichs zwischen Proband und Simulationsmodell bestand in einer zu geringen Anzahl an Probanden, die dem 50%-Mann entsprachen. Die Simulationen wurden lediglich mit den Daten eines Probanden (50%-Mann) verglichen. Anthropometrische Abweichungen, unterschiedliche Aufmerksamkeitszustände und Muskelmassen können zu unterschiedlichen Insassenbewegungen führen. Diese Einflussfaktoren wurde hier nicht berücksichtigt, führen jedoch zu einer Streuung der Probandendaten, wie in Kapitel 10.1 bei ähnlichen Fahrmanövern zu sehen ist.

12 Zusammenfassung der Ergebnisse und Ausblick

Bei der Auslegung der Rückhaltesysteme in der Fahrzeugsicherheit werden heutzutage standardisierte Crashtestdummys und Crashtest-Lastfälle berücksichtigt. Folglich ist es nicht möglich, weder die Insassenkinematik infolge eines Bremsvorgangs noch die möglichen Verletzungen des Menschen im Crashlastfall im Detail zu analysieren. Das Ziel, die Zahl der Verkehrstoten signifikant zu reduzieren, führt zu einer Fusionierung der Umfeldsensorik mit den adaptiv schaltbaren Sicherheitssystemen wie beispielsweise Airbag und Gurtstraffer. Zunehmend halten auch Fahrerassistenzsysteme Einzug in die Fahrzeuge, die z.B. eine Notbremsung oder -lenkung autonom auslösen und somit die Insassenposition relativ zu den Rückhaltesystemen stark beeinflussen können. Bei der Entwicklung von Rückhaltesystemen stehen zukünftig neben den herkömmlichen Gesetzes- und Verbraucherschutztests mit Crashtestdummys verstärkt die Verletzungsbiomechanik sowie die Insassenkinematik in der Pre-Crash-Phase im Fokus. Um eine größtmögliche Schutzwirkung auch bei veränderter Insassenposition zu gewährleisten, ist folglich die Kenntnis der Insassenkinematik infolge der aktiv eingreifenden Fahrerassistenzsysteme (Brems- und Ausweichmanöver) erforderlich.

Eine vereinfachte Abbildung des Insassen in Crash-Lastfällen bietet digitale Finite-Elemente (FE)-Dummymodelle, die mit Hilfe von Sensoren physikalische Größen erfassen. Unter Berücksichtigung von Verletzungsrisikofunktionen kann mit diesen Größen eine Verletzungswahrscheinlichkeit ermittelt werden. Virtuelle Menschmodelle auf FE-Basis bieten u.a. die Möglichkeit der Analyse von Verletzungsmechanismen in Insassen- und Fußgängerschutzsimulationen. Eine Berücksichtigung der Pre-Crash-Phase wie beispielsweise Brems- und Ausweichmanöver 1–2 s vor dem möglichen Crash bedarf der Simulation der Insassenkinematik infolge autonom eingreifender Fahrerassistenzsysteme (FAS). Hierfür ist neben der korrekten Abbildung der Anatomie auch die Simulation menschlicher Bewegungen und Anspannzustände nötig, was sowohl mit den Dummys als auch mit den verfügbaren passiven Menschmodellen nicht möglich ist.

Die vorliegende Arbeit stellt eine Methodik zur geregelten Muskelaktivierung aus FE-Hilltype-Muskelelementen sowie der λ-Regelung bereit. Der im Rahmen dieser Arbeit entwickelte Ansatz wurde anhand von Probandendaten sowohl aus Armbeugeversuchen als auch mittels Kinematikdaten aus Notbremsversuchen validiert. Der Fokus der Arbeit liegt auf der systematischen Herangehensweise für die Weiterentwicklung eines *passiven Menschmodells* zu einem *reaktiven Menschmodell* sowie der Untersuchung von Einflussfaktoren bezüglich der Bewegungskinematik. Bisherige Studien, welche eine geregelte Muskelaktivierung mit einem virtuellen Menschmodell abbilden, beschränken sich auf MKS-Modelle, die für die zukünftige Kombination aus Crash- und In-Crash-Phasen unzureichend sind oder die Menschmodelle mit kinematischen Gelenken versehen sind und somit die Beurteilung von Verletzungen in den Gelenken nicht möglich ist.

Eine funktionale Umsetzung der Kombination aus FE-Modellen mit kontaktbasierten Gelenken, Hill-type-Elementen und der λ-Regelung wurde nach bisherigem Kenntnisstand vorher noch nicht umgesetzt. Des Weiteren ist keine Studie bekannt, welche den Einsatz der

© Springer Fachmedien Wiesbaden GmbH 2018
E. Yigit, *Reaktives FE-Menschmodell im Insassenschutz*,
AutoUni – Schriftenreihe 114, https://doi.org/10.1007/978-3-658-21226-1_12

Muskelregelung mit separaten (entkoppelten) Regelkreisen in den einzelnen Muskeln eines FE-Menschmodells zeigte.

Die Regelparameter κ_l, δ_l und σ_l der λ-Regelung können als Einstellparameter zur Abbildung unterschiedlicher Anspannzustände herangezogen werden. Für ein schnelleres Ansprechverhalten von Muskelmodellen ist die Erhöhung der Parameter κ_l und σ_l zu empfehlen. Sollen höhere Muskelaktivierungen infolge einer Muskelauslenkung berechnet werden, empfiehlt es sich, den Parameter κ_l zu erhöhen. Eine Initialversteifung des Modells kann mit Hilfe der Kokontraktion von Muskeln erfolgen, die sich über den Parameters δ_l einstellen lässt.

Der Regelansatz kann sowohl für die Haltungsregelung als auch zur Abbildung von Bewegungen herangezogen werden. Eine Schwäche des Regelansatzes mit konstanten Regelparametern zeigt sich am Beispiel des Armhaltelastfalls mit einer Zusatzmasse von 5 kg (Abbildung 6.12), indem die Auslenkung des Arms auch nach ca. 1 s durch die λ-Regelung nicht vollständig korrigiert werden konnte. Die Einstellung der Regelparameter ist somit massenabhängig. Eine adaptive Regelung zur Anpassung der Parameter kann zu einem schnelleren Regelverhalten führen. Die Simulation von geplanten Bewegungen mit der ausschließlichen Dosierung der Muskelaktivität ist mit der λ-Regelung möglich, indem die Sollposition nicht als skalare Soll-Muskellänge λ_l, sondern als Soll-Muskellängentrajektorie $\lambda(t)$ vorgegeben wird. Die Bewegungskinematik konnte mit dem Armmodell und den entsprechenden Regelparametern mit einer Abweichung von 2 bis 7 % abgebildet werden. Die Streuung der Winkelverläufe der Probanden liegt bei 13 %.

Beim Vergleich der Muskelaktivitäten bei der Halte- und Anhebeaufgabe zeigen sich signifikante Unterschiede zwischen Simulation und Versuch. Die simulierten Aktivierungslevel wurden zu hoch prognostiziert. Zu begründen ist dieser Unterschied mit der Verwendung der maximalen Muskelkraft aus der Literatur, die nicht den maximalen Muskelkräften der Probanden entspricht. Die Anordnung der Muskeln sowie das Zusammenspiel beim Menschen sind um einiges komplexer, sodass eine effizientere Energiebereitstellung und folglich geringere Muskelaktivierungen für die gleiche Bewegung möglich sind.

Bei Notbremsmanövern, die im Rahmen des Kooperationsprojektes *Occupant Model for Integrated Safety* (OM4IS) durchgeführt wurden, sind Bewegungsdaten für Insassen auf der Beifahrerposition ermittelt worden. Es zeigt sich eine große Streuung der Bewegungen für die 22 männlichen Insassen im Notbremslastfall mit Beckengurt aus 12 km/h wie auch im Notbremslastfall mit Dreipunktgurt aus 50 km/h für 17 männliche und sechs weibliche Insassen. Diese Streuung in der Probandenkinematik ist mit passiven virtuellen Menschmodellen nicht abbildbar, da diese eine zu hohe Steifigkeit aufweisen und lediglich für die In-Crash-Phase valide sind.

Eine Erweiterung des *THUMS v3* FE-Menschmodells sowohl auf Materialebene als auch durch die Erweiterung mit Hill-type-Elementen und deren Aktivierung mittels λ-Reglern für verschiedene Muskelgruppen stellt das *reaktive THUMS*-Modell dar. Über Regelparametersätze der λ-Regelung lassen sich mit Hilfe des *reaktiven THUMS* unterschiedliche Insassenbewegungen abbilden. Die Bewegungskinematik von Insassen bei Notbremslastfällen wurde mittels der Probandenkinematik aus dem OM4IS-Projekt validiert. Es ergaben sich drei Parametersätze, die über *geringe Anspannung*, *moderate Anspannung* und *hohe Anspannung* klassifiziert wurden. Die Simulationen lagen zum größten Teil innerhalb des

Probandenkorridors. Es zeigt sich bei dem Notbremslastfall aus 12 km/h, dass das reaktive Menschmodell 85 % des Kopfvorverlagerungs- und 60 % des Rumpfvorverlagerungskorridors der Probanden abbildet. Insgesamt zeigt sich eine gute Übereinstimmung des zeitlichen Verhaltens der Bewegungen zwischen Simulation und Versuch, das auf die geregelte Muskelaktivierung zurückzuführen ist.

Bei dem Notbremslastfall aus 50 km/h zeigt sich, dass das *reaktive THUMS* 12 % des Rumpfvorverlagerungs- und 27 % des Rumpfrotationskorridors der Probanden abbildet. Die geringere Abbildung des Probandenkorridors in diesem Lastfall im Vergleich zum Lastfall mit 12 km/h und Beckengurt, ist auf die Definition der Gurtauszugssperre zurückzuführen. In der Realität sperrt der Gurt nach dem Überschreiten eines Schwellwertes der Fahrzeugverzögerung oder einer Gurtauszugsgeschwindigkeit. Versuchstechnisch lässt sich der Zeitpunkt der Gurtauszugssperre mit unterschiedlichen Probanden schlecht reproduzieren und stellt eine Beschränkung dieses Lastfalls dar. In der Simulation sperrt der Gurt nach Überschreiten des Schwellwerts der Fahrzeugverzögerung bei den Simulationen gleichermaßen und ist somit reproduzierbar. Zukünftig sind Informationen über den Gurtsperrzeitpunkt und die Gurtkräfte in solchen Versuchen zu berücksichtigen.

Als Verifikationsgrundlage für das reaktive Menschmodell wurden zusätzlich Notbremsversuche mit einer Geschwindigkeit von 80 km/h unter Verwendung eines modellspezifischen Dreipunktgurtes sowie Fahrzeugsitzes durchgeführt. Anhand der Versuchsdaten eines Probanden, der dem 50%-Mann entspricht, wurde zusätzlich die Validität des entwickelten reaktiven Menschmodells bestätigt. Bei der Simulation der Insassenkinematik konnte das zeitliche Verhalten des Probanden gut abgebildet werden. Der Zeitpunkt wie auch der Verlauf der Vor- und Rückbewegung bilden die Probandenkurve in sehr guter Näherung ab. Die maximale Kopfvorverlagerung des *reaktiven THUMS* konnte mit einer Abweichung von 9 % abgebildet werden.

Bei der simulativen Untersuchung des Einflusses eines reversiblen Gurtstraffers bei einer Notbremsung aus 80 km/h mit Hilfe des reaktiven Menschmodells wurde gezeigt, dass eine RGS-Straffung mit 170 N Straffkraft zu einer Reduzierung der Kopfvorverlagerung um 58 % und der Schultervorverlagerungen um 67 % führt. Mit einer RGS-Straffkraft von 570 N zeigt sich mit dem *reaktiven THUMS* eine Reduzierung der Kopfvorverlagerung um 70 % und der Schultervorverlagerungen um 80 %. Zukünftig sind Versuche anzustreben, die den Einfluss unterschiedlicher Sitze und verschiedenartigen Interieurs adressieren bzw. bei denen mehrere Probanden eingesetzt werden, damit der Einfluss der Anthropometrie sowie unterschiedlicher Aufmerksamkeitszustände und Muskelmassen mitberücksichtigt werden.

Insgesamt ist es gelungen, ein reaktives Menschmodell zu entwickeln, welches über unterschiedliche Regelparameter verschiedene muskuläre Anspannungszustände sowie die Insassenkinematik bei Pre-Crash-Simulationen abbildet und als Tool zur Bewertung von integralen Systemen der Fahrzeugsicherheit, wie beispielsweise des Effekts einer Gurtvorstraffung durch den RGS, herangezogen werden kann.

Literaturverzeichnis

Ahamed, N., Sundaraj, K., Ahmad, R., Rahman, M. und Islam, M. (2012). Analysis of right arm Biceps brachii muscle activity with varying the electrode placement on three male age groups during isometric contractions using a wireless EMG sensor. *Procedia Engineering,* 41, S. 61–67.

Almeida, J., Fraga, F., Silva, M. und Silva-Carvalho, L. (2009). Feedback control of the head-neck complex for nonimpact scenarios using multibody dynamics. *Multibody System Dynamics,* 21, S. 395–416.

Altenbach, H. (2012). *Kontinuumsmechanik.* Wiesbaden: Springer Vieweg.

Arbogast, K., Balasubramanian, S., Seacrist, T., Maltese, M., García-España, J., Hopely, T., Constans, E., Lopez-Valdes, F., Kent, R., Tanji, H. und Higuchi, K. (2009). Comparison of kinematic responses of the head and spine for children and adults in low-speed frontal sled tests. *Stapp Car Crash Journal,* 53, S. 329–372.

Audu, M. und Davy, D. (1985). The influence of muscle model complexity in musculoskeletal motion modeling. *Journal of Biomechanical Engineering,* 107(2), S. 147–157.

Bae, T., Loan, P., Choi, K., Hong, D. und Mun, M. (2010). Estimation of muscle response using three-dimensional musculoskeletal models before impact situation: A simulation study. *Journal of Biomechanical Engineering,* 132, S. 121011-1–6.

Basmajian, J. und De Luca, Carlo J. (1985). *Muscles alive: Their functions revealed by electromyography.* Philadelphia: Lippincott Williams and Wilkins.

Bathe, K.-J. (1996). *Finite Element Procedures.* Upper Saddle River. Prentice Hall Verlag.

Beeman, S., Kemper, A., Madigan, M. und Duma, S. (2011). Effects of Bracing on Human Kinematics in Low-Speed Frontal Sled Tests. *Annals of Biomedical Engineering,* 39(12), S. 2998–3010.

Beeman, S., Kemper, A., Madigan, M., Franck, C. und Loftus, S. (2012). Occupant kinematics in low-speed frontal sled tests: human volunteers, hybrid III ATD, and PMHS. *Accident Analysis and Prevention,* 47, S. 128–139.

Behr, M., Arnoux, P.-J., Serre, T., Thollon, L. und Brunet, C. (2006). Tonic finite element model of the lower limb. *Journal of Biomechanical Engineering,* 128(2), S. 223–228.

Behr, M., Poumarat, G., Serre, T., Arnoux, P.-J., Thollon, L. und Brunet, C. (2010). Posture and muscular behaviour in emergency braking: An experimental approach. *Accident Analysis and Prevention,* 42, S. 797–801.

Bensler, H., Eller, T., Kabat vel Job, A., Magoulas, N., Yigit, E. (2014). Future perspectives on automotive CAE. *Proceedings of the FISITA World Automotive Congress.* Maastricht.

Bizzi, E., Hogan, N., Mussa-Ivaldi, F. und Giszter, S. (1992). Does the nervous system use equilibrium-point control to guide single and multiple joint movements? *Behavioral and Brain Sciences,* 15(04), S. 603–613.

© Springer Fachmedien Wiesbaden GmbH 2018
E. Yigit, *Reaktives FE-Menschmodell im Insassenschutz,*
AutoUni – Schriftenreihe 114, https://doi.org/10.1007/978-3-658-21226-1

Blouin, J.-S., Descarreaux, M., Bélanger-Gravel, A., Simoneau, M. und Teasdale, N. (2003). Attenuation of human neck muscle activity following repeated imposed trunk-forward linear acceleration. *Experimental Brain Research,* 150(4), S. 458–464.

Bose, D. und Crandall, J. (2008). Influence of active muscle contribution on the injury response of restrained car occupants. *Proceedings of the Annals of Advances in Automotive Medicine Conference 2008.* San Diego. S. 61-72

Bose, D., Crandall, J., Untaroiu C. D. und Maslen, E. (2010). Influence of pre-collision occupant parameters on injury outcome in a frontal collision. *Accident Analysis and Prevention,* 42, S. 1398–1407.

Brolin, K., Halldin, P. und Leijonhufvud, I. (2005). The effect of muscle activation on neck response. *Traffic Injury Prevention,* 6, S. 67–76.

Brolin, K., Hedenstierna, S., Halldin, P., Bass, C. und Alem, N. (2008). The importance of muscle tension on the outcome of impacts with a major vertical component. *International Journal of Crashworthiness,* 13(5), S. 487–498.

Budziszewski, P., van Nunen, E., Mordaka, J. und Kędzior, K. (2008). Active controlled muscles in numerical model of human arm for movement in two degrees of freedom. *Proceedings of the IRCOBI Conference 2008.* Bern

Cabri, J., Elvey, B. und Gosselink, R. (2011). Angewandte Physiologie: Band 3: Therapie, Training, Tests. In van den Berg, F. *Angewandte Physiologie.* Stuttgart: Thieme Verlag.

Cappon, H., Mordaka, J., van Rooij, L., Adamec, J., Praxl, N. und Muggenthaler, H. (2007). *A computational human model with stabilizing spine: a step towards active safety.* SAE Technical Paper. Warrendale.

Carlsson, S. und Davidsson, J. (2011). Volunteer occupant kinematics during driver initiated and autonomous braking when driving in real traffic environments. *Proceedings of the IRCOBI Conference 2011.* Krakau

Chancey, V., Nightingale, R., Van Ee, Chris A, Knaub, K. und Myers, B. (2003). Improved estimation of human neck tensile tolerance: reducing the range of reported tolerance using anthropometrically correct muscles and optimized physiologic initial conditions. *Stapp Car Crash Journal,* 47, S. 135–153.

Chang, C., Rupp, J., Kikuchi, N. und Schneider, L. (2008). Development of a finite element model to study the effects of muscle forces on knee-thigh-hip injuries in frontal crashes. *Stapp Car Crash Journal,* 52, S. 475–504.

Chang, C.-Y., Rupp, J., Reed, M., Hughes, R. und Schneider, L. (2009). Predicting the effects of muscle activation on knee, thigh, and hip injuries in frontal crashes using a finite-element model with muscle forces from subject testing and musculoskeletal modeling. *Stapp Car Crash Journal,* 53, S. 291–328.

Choi, H., Sah S.J., Lee, B., Cho, H., Kang, S., Mun, M., Lee, I. und Lee, J. (2005). Experimental and numerical studies of muscular activations of bracing occupant. *Proceedings of the 19th ESV Conference 2005.* Washington, D.C.

Cole, G., van den Bogert, Anton J., Herzog, W. und Gerritsen, K. (1996). Modelling of force production in skeletal muscle undergoing stretch. *Journal of Biomechanics,* 29(8), S. 1091–1104.

Combest, J. (2013). Status of the global human body models consortium. *Proceedings of the CARHS 4th Int. Symp. Human Modeling and Simulation in Automotive 2013.* Aschaffenburg.

de Jager, M. (1996). *Mathematical head-neck models for acceleration impacts.* Dissertation. Technische Universität Eindhoven. Eindhoven.

De Luca, Carlo J. (1997). The use of surface electromyography in biomechanics. *Journal of Applied Biomechanics,* 13, S. 135–163.

Deng, Y. und Goldsmith, W. (1987). Response of a human head/neck/upper-torso replica to dynamic loading II. Analytical/numerical model. *Journal of Biomechanics,* 20(5), S. 487–497.

Dibb, A., Cox, C., Nightingale, R., Luck, J., Cutcliffe, H., Myers, B., Arbogast, K., Seacrist, T. und Bass, C. (2013). Importance of muscle activations for biofidelic pediatric neck response in computational models. *Traffic Injury Prevention,* 14, S. 116-127.

Ejima, A., Ono, K., Holcombe, S., Kaneoka, K. und Fukushima, M. (2007). A study on occupant kinematics behaviour and muscle activities during pre-impact braking based on volunteer tests. *Proceedings of the IRCOBI Conference 2007.* Maastricht.

Ejima, S., Ito, D., Sato, F., Miki k., Ono, K., Kaneoka, K. und Shiina, I. (2012). Effects of Pre-impact Swerving/Steering on Physical Motion of the Volunteer in the Low-Speed Side-impact Sled Test. *Proceedings of the IRCOBI Conference 2012.* Dublin.

Ejima, S., Ono K., Kaneoka K. und Fukushima, M. (2005). Development and validation of the human neck muscle model under impact loading. *Proceedings of the IRCOBI Conference 2005.* Prag.

Ejima, S., Zama, Y., Ono, K., Kaneoka, K., Shiina, I. und Asada, H. (2009). Prediction of pre-impact occupant kinematic behavior based on the muscle activity during frontal collision. *Proceedings of the 21st ESV Conference 2009.* Stuttgart.

Ejima, S., Zama, Y., Sato, F., Holcombe, S., Ono, K., Kaneoka, K. und Shiina, I. (2008). Prediction of the physical motion on human body based on muscle activities during pre-impact breaking. *Proceedings of the IRCOBI Conference 2008.* Bern.

ESI Group. (2013). *Virtual Performance Solution 2013 - Solver Reference Manual.* Paris: ESI Group.

Europäische Kommission. (2011). *Fahrplan zu einem einheitlichen europäischen Verkehrsraum – Hin zu einem wettbewerbsorientierten und ressourcenschonenden Verkehrssystem.* Abgerufen am 20.09.2015 von http://ec.europa.eu/transport/themes/ strategies/doc/2011_white_paper/white_paper_com%282011%29_144_de.pdf.

Bloom, W. und Fawcett, D. (1986). *A textbook of histology (11. Ed.).* Saunders Verlag.

Feldman, A. (1986). Once more on the equilibrium-point hypothesis (lambda model) for motor control. *Journal of Motor Behavior,* 181, S. 17–54.

Feldman, A. und Latash, M. (2005). Testing hypotheses and the advancement of science: recent attempts to falsify the equilibrium point hypothesis. *Experimental Brain Research,* 1611, S. 91–103.

Fraga, F., van Rooij, L., Symeonidis, I., Peldschus, S., Happee, R. und Wismans, J. (2009). Development and preliminary validation of a motorcycle rider model with focus on head and neck biofidelity, recurring to line element muscle models and feedback control. *Proceedings of the 21st ESV Conference 2009.* Stuttgart.

Gerdes, V. und Happee, R. (1994). The use of an internal representation in fast goal-directed movements: a modelling approach. *Biological Cybernetics,* 70(6), S. 513–524.

Gille, U. (2007). Abbildung:*Gray385.png, sternocleidomastoideus muscle.* Abgerufen am 28.10.2016 von https://commons.wikimedia.org/wiki/File:Sternocleidomastoideus.png

Gonter, M., Schwarz, T., Seiffert, U. und Zobel, R. (2013). Fahrzeugsicherheit. In Braess, H.-H.; Seiffert, U. *Vieweg Handbuch Kraftfahrzeugtechnik S.* 985–1038. Springer Vieweg Verlag.

Gordon, A., Huxley, A. und Julian, F. (1966). The variation in isometric tension with sarcomere length in vertebrate muscle fibres. *Journal of Physiology,* 1841, S. 170–192.

Günther, M. und Ruder, H. (2003). Synthesis of two-dimensional human walking: a test of the λ-model. *Biological Cybernetics,* 89(2), S. 89–106.

Günther, M., Schmitt, S. und Wank, V. (2007). High-frequency oscillations as a consequence of neglected serial damping in Hill-type muscle models. *Biological Cybernetics,* 971, S. 63–79.

Happee, R., Hoofman, M., van den Kroonenberg, A.J., Morsink, P. und Wismans, J. (1998). A mathematical human body model for frontal and rearward seated automotive impact loading. *42nd Stapp Car Crash Conference,*

Hatze, H. (1977). A myocybernetic control model of skeletal muscle. *Biological Cybernetics,* 25(2), S. 103–119.

Hatze, H. (1981). *Myocybernetic control models of skeletal muscle: Characteristics and applications.* Pretoria: University of South Africa Pretoria.

Hayes, K. und Hatze, H. (1977). Passive visco-elastic properties of the structures spanning the human elbow joint. *European journal of applied physiology and occupational physiology,* 37(4), S. 265–274.

Hedenstierna, S. (2008). *3D finite element modeling of cervical musculature and its effect on neck injury prevention.* KTH Royal Institute of Technology, Stockholm.

Hill, A. (1938). The heat of shortening and the dynamic constants of muscle. *Royal Society of London. Series B, Biological Sciences 126, S.* 136–195.

Hippmann, G. (2004). *Modellierung von Kontakten komplex geformter Körper in der Mehrkörperdynamik.* Dissertation. Technische Universität Wien. Wien.

Hogan, N. (1984). Adaptive control of mechanical impedance by coactivation of antagonist muscles. *IEEE Transactions on Automatic Control,* 29(8), S. 681–690.

Holzbaur, K., Murray, W. und Delp, S. (2005). A model of the upper extremity for simulating musculoskeletal surgery and analyzing neuromuscular control. *Annals of Biomedical Engineering,* 33(6), S. 829–840.

Howell, J., Chleboun, G. und Conatser, R. (1993). Muscle stiffness, strength loss, swelling and soreness following exercise-induced injury in humans. *The Journal of Physiology,* 4641, S. 183–196.

Huber, P., Christova, M., D'Addetta, G., Gallasch, E., Kirschbichler, S., Mayer, C., Prüggler, A., Rieser, A., Sinz, W. und Wallner, D. (2013a). Muscle activation onset latencies and amplitudes during lane change in a full vehicle test. *Proceedings of the IRCOBI Conference 2013.*

Huber, P., Prüggler, A., Kirschbichler, S., Steidl, T., Rieser, A. und Sinz, W. (2013b). Occupant model for integrated safety: Challenges in testing and simulation. *Proceedings of the CARHS 4th Int. Symp. Human Modeling and Simulation in Automotive 2013.* Aschaffenburg.

Huber, P., Kirschbichler, S., Prüggler, A., Steidl, T. (2014). Three-dimensional occupant kinematics during frontal, lateral and combined emergency maneuvers. *Proceedings of the IRCOBI Conference 2014.*

Huber, P., Kirschbichler, S., Prüggler, A., Steidl, T. (2015). Passenger kinematics in braking, lane change and oblique maneuvers. *Proceedings of the IRCOBI Conference 2015.*

Huxley, A. (1974). Muscular contraction. *The Journal of Physiology,* 243(1), S. 1–43.

Ito, D., Ejima S., Kitajima, S., Katoh, R., Ito, H., Sakane, M., Nishino, T., Nakayama, K. und Ato, T. (2013). Occupant kinematic behavior and effects of a motorized seatbelt on occupant restraint of human volunteers during low speed frontal impact: mini-sled tests with mass production car seat. *Proceedings of the IRCOBI Conference 2013.*

Iwamoto, M., Kisanuki, Y., Watanabe, I., Furusu, K., Miki, K. und Hasegawa, J. (2002). Development of a finite element model of the total human model for safety (THUMS) and application to injury reconstruction. *Proceedings of the IRCOBI Conference 2002.* München.

Iwamoto, M., Nakahira, Y., Kimpara, H. und Sugiyama, T. (2009). *Development of a human FE model with 3-D geometry of muscles and lateral impact analysis for the arm with muscle activity.* SAE Technical Paper. Warrendale.

Iwamoto, M., Nakahira, Y., Kimpara, H., Sugiyama, T. und Min, K. (2012). Development of a human body finite element model with multiple muscles and their controller for estimating occupant motions and impact responses in frontal crash situations. *Stapp Car Crash Journal,* 56, S. 231–268.

Iwamoto, M., Nakahira, Y. und Sugiyama, T. (2011). Investigation of pre-impact bracing effects for injury outcome using an active human fe model with 3d geometry of muscles. *Proceedings of the 22nd ESV Conference 2011.* Washington, D.C.

Josef, B. (2004). *Finite Elemente für Ingenieure 2.* Springer Verlag.

Jost, G. und Allsop, R. (2014). Ranking EU progress on road safety: *8th road safety performance index report.* Brüssel, European Transport Safety Council

Jost, R. und Nurick, G. (2000). Development of a finite element model of the human neck subjected to high g-level lateral deceleration. *International Journal of Crashworthiness,* 5(3), S. 259–270.

Jung, M. und Langer, U. (2013). *Methode der finiten Elemente für Ingenieure.* Springer Vieweg Verlag.

Kawato, M. (1999). Internal models for motor control and trajectory planning. *Current opinion in neurobiology,* 9(6), S. 718–727.

Keidel, W. und Bartels, H. (1985). *Kurzgefasstes Lehrbuch der Physiologie.* Thieme Verlag.

Kirschbichler, S., Huber, P., Prüggler, A., Steidl, T., Sinz, W., Mayer, C. und D`Addetta, G. (2014). Factors influencing occupant kinematics during braking and lane change maneuvers in a passenger vehicle. *Proceedings of the IRCOBI Conference 2014.* Berlin.

Latash, M. (2012). *Fundamentals of Motor Control.* San Diego: Elsevier Science.

Lizée, E., Robin, S., Song, E., Bertholon, N., Le Coz, J.-Y., Besnault, B. und Lavaste, F. (1998). Development of a 3D finite element model of the human body. *Stapp Car Crash Journal,* 42Nr. 983152.

Loeb, G. und Ghez, C. (2000). The motor unit and muscle action. *Principles of Neural Science, S.* 674–694.

Marieb, E. und Hoehn, K. (2007). *Human anatomy & physiology.* Pearson Education Verlag.

Martin, H. (2011). *Numerische Strömungssimulation in der Hydrodynamik.* Springer Verlag.

Meijer, R., Broos, J., Elrofai, H., Bruijn, E. de, Forbes, P. und Happee, R. (2013a). Modelling of bracing in a multi-body active human model. *Proceedings of the IRCOBI Conference 2013.*

Meijer, R., Elrofai, H., Broos, J. und van Hassel, E. (2013b). Evaluation of an active multibody human model for braking and frontal crash events. *Proceedings of the 23nd ESV Conference 2013.* Seoul.

Meijer, R., Rodarius, C., Adamec, J., van Nunen, E. und van Rooij, L. (2008). A first step in computer modelling of the active human response in a far-side impact. *International Journal of Crashworthiness,* 13(6), S. 643–652.

Meijer, R., van Hassel, E., Broos, J., Elrofai, H., van Rooij, L. und van Hooijdonk, P. (2012). Development of a multi-body human model that predicts active and passive human behaviour. *Proceedings of the IRCOBI Conference 2012.* Dublin.

Merkel, M. und Öchsner, A. (2015). *Eindimensionale finite Elemente: ein Einstieg in die Methode.* Springer Verlag.

Merletti, R., Balestra, G. und Knaflitz, M. (1989). Effect of FFT based algorithms on estimation of myoelectric signal spectral parameters. *Proceedings of the IEEE Annual International Conference of the IEEE Engineering in Medicine and Biology Society 1989.* Seattle.

Merton, P. (1953). Speculation on servo-control of movements. *Ciba Foundation Symposium-The Spinal Cord.* S. 247–255. John Wiley & Sons Verlag

Morris, R. und Cross, G. (2005). Improved understanding of passenger behaviour during pre-impact events to aid smart restraint development. *Proceedings of the 19th ESV Conference 2005.* Washington, D.C.

Muggenthaler, H. (2006). *Einfluss der Muskelaktivität auf die Kinematik des menschlichen Körpers und die Deformationseigenschaften des Muskels: Versuch und Simulation.* Dissertation. Ludwig-Maximilians-Universität München. München.

Muggenthaler, H., Adamec, J., Praxl, N. und Schoenpflung, M. (2005). The influence of muscle activity on occupant kinematics. *Proceedings of the IRCOBI Conference 2005.* Prag.

Natarajan, G., Wininger, M., Kim, N. und Craelius, W. (2012). Relating biceps EMG to elbow kinematics during self-paced arm flexions. *Medical Engineering & Physics,* 34(5), S. 617–624.

Nemirovsky, N. und van Rooij, L. (2010). A new methodology for biofidelic head-neck postural control. *Proceedings of the IRCOBI Conference 2010.* Hannover.

Olafsdóttir, J., Östh, J., Davidsson, J. und Brolin, K. (2013). Passenger kinematics and muscle Responses in Autonomous Braking Events with Standard and Reversible Pre-tensioned Restraints. *Proceedings of the IRCOBI Conference 2013.*

Östh, J., Brolin, K. und Bråse, D. (2015). A human body model with active muscles for simulation of pre-tensioned restraints in autonomous braking interventions. *Traffic Injury Prevention,* 16(3), S. 304–313.

Östh, J., Brolin, K., Carlsson, S., Wismans, J. und Davidsson, J. (2012a). The occupant response to autonomous braking: a modeling approach that accounts for active musculature. *Traffic Injury Prevention,* 13(3), S. 265–277.

Östh, J., Brolin, K. und Happee, R. (2012b). Active muscle response using feedback control of a finite element human arm model. *Computer Methods in Biomechanics and Biomedical Engineering,* 15(4), S. 347–361.

Östh, J., Olafsdóttir, J., Davidsson, J. und Brolin, K. (2013). Driver kinematic and muscle responses in braking events with standard and reversible pre-tensioned restraints: validation data for human models. *Stapp Car Crash Journal,* 57, S. 1–41.

Parisch, H. (2003). *Festkörper-Kontinuumsmechanik.* Stuttgart, Leipzig. Vieweg u. Teubner Verlag.

Park G., Kim, T., Crandall, J., Arregui-Dalmases, C. und Luzon-Narro, J. (2013). Comparison of kinematics of GHBMC to PMHS on the side impact condition. *Proceedings of the IRCOBI Conference 2013.*

Praxl, N. (2000). *Zur Bedeutung passiver Muskeleigenschaften für die menschliche Bewegungskoordination.* Dissertation. Universität der Bundeswehr München. München.

Robin, S. (2001). Humos: Human Model for Safety – A Joint Effort Towards the Development of Refined Human-like Car Occupant Models. *Proceedings of the 17st ESV Conference 2001.* Amsterdam.

Rüdel, R. und Brinkmeier, H. (2006). Muskelphysiologie. In Schmidt, F.; Schaible, H.-G. *Neuro- und Sinnesphysiologie, S.* 65–93. Springer Verlag.

Schiebler T. *2005. Anatomie.* Springer Verlag.

Schindler, V. (2011). *Berliner Erklärung zur Fahrzeugsicherheit.* 8. VDI-Tagung Fahrzeugsicherheit. Düsseldorf.

Schöneburg, R. (2008). Fahrzeugsicherheit in der Vorunfallphase. *VDI-Berichte, (*2048).

Schöneburg, R., Baumann, K.-H. und Fehring, M. (2011). The efficiency of PRE-SAFE systems in pre-braked frontal collision situations. *Proceedings of the 22nd ESV Conference 2011.* Washington, D.C.

Shadmehr, R. (1995). The equilibrium point hypothesis for control of posture, movement, and manipulation. In Arbib, M. *Handbook of brain theory and neural networks, S. 370-372.* Cambridge: MIT Press Verlag.

Shigeta, K., Kitagawa, Y. und Yasuki, T. (2009). Development of next generation human FE model capable of organ injury prediction. *Proceedings of the 21st ESV Conference 2009.* Stuttgart.

Schmitt, S. (2006). *Über die Anwendung und Modifikation des Hill'schen Muskelmodells in der Biomechanik.* Dissertation. Eberhard-Karls-Universität. Tübingen

Statistisches Bundesamt (Hrsg.) (2016).*Verkehrsunfälle Fachserie 8 Reihe 7 - April 2016.* Abgerufen am 20.07.2016 von: http://www.destatis.de/jetspeed/portal/cms/Sites/ destatis/Internet/DE/Presse/pk/2009/Bevoelkerung/pressebroschuere__bevoelkerungs-entwicklung2009,property=file.pdf.

Sturzenegger, M., DiStefano, G., Radanov, B. und Schnidrig, A. (1994). Presenting symptoms and signs after whiplash injury The influence of accident mechanisms. *Neurology,* 44(4), S. 688–695.

Sugiyama, T., Kimpara, H., Iwamoto, M., Yamada, D., Nakahira, Y. und Hada, M. (2007). Effects of muscle tense on impact responses of lower extremity. *Proceedings of the IRCOBI Conference 2007.* Maastricht.

Toyota. (2008). *Users' Guide, THUMS v.3.0. AM50 Occupant Model.* Toyota City, Aichi: Toyota Motor Corporation, Toyota Central Labs Inc.

van der Horst, M. (2002). *Human head neck response in frontal, lateral and rear end impact loading: modelling and validation.* Dissertation. Technische Universität Eindhoven. Eindhoven.

van Rooij, L. (2011). Effect of various pre-crash braking strategies on simulated human kinematic response with varying levels of driver attention. *Proceedings of the 22nd ESV Conference 2011.* Washington, D.C.

van Rooij, L., Pauwelussen, J., Op den Camp, O. und Janssen, R. (2013). Driver head displacement during (Automatic) vehicle braking tests with varying levels of distraction. *Proceedings of the 23nd ESV Conference 2013.* Seoul.

Vezin, P. und Verriest, J. (2005). Development of a set of numerical human models for safety. *Proceedings of the 19th ESV Conference 2005.* Washington, D.C.

Watts, R., Wiegner, A. und Young, R. (1986). Elastic properties of muscles measured at the elbow in man: II. Patients with parkinsonian rigidity. *Journal of Neurology, Neurosurgery & Psychiatry,* 49(10), S. 1177–1181.

Winters, J. (1990). Hill-based muscle models: a systems engineering perspective. In Winters, J.; Woo, S. *Multiple Muscle Systems S.* 69–93. Springer Verlag.

Winters, J. und Stark, L. (1985). Analysis of fundamental human movement patterns through the use of in-depth antagonistic muscle models. *Biomedical Engineering, IEEE Transactions on,* (10), S. 826–839.

Winters, J. und Stark, L. (1987). Muscle models: what is gained and what is lost by varying model complexity. *Biological Cybernetics,* 55(6), S. 403–420.

Winters, J. und Stark, L. (1988). Estimated mechanical properties of synergistic muscles involved in movements of a variety of human joints. *Journal of Biomechanics, S.* 1027–1041.

Wismans, J., Maltha, J., Melvin, J. und Stalnaker R.L. (1979). Child restraint evaluation by experimental and mathematical simulation. *Proceedings of the 23rd Stapp Car Crash Conference, S.* 383–415.

Wittek, A., Kajzer, J. und Haug, E. (2000). Hill-type muscle model for analysis of mechanical effect of muscle tension on the human body response in a car collision using an explicit finite element code. *JSME International Journal. Series A, Solid Mechanics and Material Engineering,* 431, S. 8–18.

Wriggers, P. (2008). *Nichtlineare Finite-Element-Methoden.* Springer Verlag.

Yigit, E., Weber, J., Huber, P., Prüggler, A., Kirschbichler, S., Kröger, M. (2014a). Influence of soft tissue material modelling on occupant kinematics in low g scenarios using FE human body models. *Proceedings of the 5th Int. Symposium Human Modeling and Simulation in Automotive Engineering.* München.

Yigit, E., Seib, E., Weber, J., Huber, P., Prüggler, A., Kirschbichler, S., Kröger, M. (2014b). Anwendung eines aktiven FE Menschmodells in der Pre-Crash Insassensimulation. *Proceedings of the VDI: SIMVEC – Berechnen, Simulieren und Erproben im Fahrzeug.* Baden-Baden.

Yigit, E., Weber, J., Kröger, M. (2015). Simulation der Insassenkinematik in Pre-Crash Lastfällen mit Hilfe eines reaktiven virtuellen Menschmodells. *Proceedings of the 10. VDI Tagung: Fahrzeugsicherheit.* Berlin.

Anhang

© Springer Fachmedien Wiesbaden GmbH 2018
E. Yigit, *Reaktives FE-Menschmodell im Insassenschutz*,
AutoUni – Schriftenreihe 114, https://doi.org/10.1007/978-3-658-21226-1

Tabelle A.1: Muskelparameter komplexes Armmodell

Muskelelement	$l_{o\,fib}$ [mm]	$PCSA$ [mm²]	F_{M_max} [kN]	$a_{l\,opt}$	C_{sh}	C_{short}	C_{leng}	C_{mvl}	PE_{max}	C_{PE}
Biceps brachii caput longum	288	450	0,225	0,96	0,14	0,3	0,005	1,35	0,8	6,15
Biceps brachii short head	315	310	0,155	0,97	0,21	0,3	0,005	1,35	0,8	6,15
Brachialis 1	163	355	0,1775	0,92	0,50	0,3	0,005	1,35	0,8	6,15
Brachialis 2	124	355	0,1775	0,93	0,60	0,3	0,005	1,35	0,8	6,15
Brachioradialis	253	190	0,095	0,99	0,14	0,3	0,005	1,35	0,8	6,15
Pronator teres	140	400	0,2	0,94	0,35	0,3	0,005	1,35	0,8	6,15
Ext. carpi radialis longus	291	220	0,11	0,99	0,35	0,3	0,005	1,35	0,8	6,15
Triceps brachii caput longum	330	570	0,285	1,02	0,64	0,3	0,005	1,25	0,8	3
Triceps brachii caput laterale	248	450	0,225	1,03	0,48	0,3	0,005	1,25	0,8	3
Triceps caput mediale 1	193	150	0,075	1,05	0,64	0,3	0,005	1,25	0,8	3
Triceps caput mediale 2	141	150	0,075	1,11	0,87	0,3	0,005	1,25	0,8	3
Triceps caput mediale 3	89	150	0,075	1,12	0,87	0,3	0,005	1,25	0,8	3

Tabelle A.2: Geänderte Materialparameter für *THUMS v3 TUC Erweitert*; *Shell Elementdicke wurde auf 1 mm gesetzt

Geänderte Materialien des THUMS v3 TUC	E [MPa]	K [MPa]	G0 [MPa]	Ginf [MPa]	D [N/e]	Literatur
Gesamter Körper						
Bandschreibe anulus fibrosus disci interverteb-ralis	3,00					[9]
Haut (äußere Shell Schicht)*	1,00					[2]
Fett-/Muskelgewebe (Solid Elemente, ohne Nacken)		2,30	0,35	0,12		[6]
Bereich Halswirbelsäule						
Band ligamentum flavum	3,00					[8]
Band ligamentum nuchae	3,00					[4]
Band ligamentum intertransversarium	5,00					[8]
Gelenkkapsel capsula articularis	5,00					[8]
Membran membrana atlantooccipitalis anterior	1,50					[5]
Membran membrana atlantooccipitalis posterior	3,80					[5]
Band ligamenta alaria	9,20					[5]
Band ligamentum cruciforme atlantis	6,00					[1]
Fett-/Muskelgewebe Nacken (Solid Elemente)		0,25	0,115	0,086		[3]
Bereich Brust- und Lendenwirbelsäule						
Band ligamentum longitudinale anterius					497	[7]
Band ligamentum longitudinale posterius					200	[7]
Band ligamentum flavum					600	[7]
Gelenkkapsel capsula articularis					225	[7]
Band ligamentum supraspinale					300	[7]
Band ligamenta interspinalia					240	[7]

Literatur der verwendeten Muskelparameter aus Tabelle A.2

[1] Brolin, K., Halldin, P. (2004). Development of a finite element model of the upper cervical spine and a parameter study of ligament characteristics. *Spine*, 29 S. 376–385.

[2] Diridillou, S., Black D., Lagarde J.M., Gall, Y., Berson, M., Vabre, V., Patat, F., Vaillant, L. (2000). Sex- and site-dependent variations in the thickness and mechanical properties of human skin in vivo. *Int. J. Cosmetic Science.*, 22 S. 421–435.

[3] Lizée, E., Robin, S., Song, E., Bertholon, N., Le Coz, J.-Y., Besnault, B. und Lavaste, F. (1998). Development of a 3D finite element model of the human body. *Stapp Car Crash Journal*, 42 Nr. 983152.

[4] Maurel, N., Lavaste, F., Skalli, W. (1998). A three-dimensional parameterized finite element model of the lower cervical spine. Study of the influence of the posterior articular facets. *J. Biomechanics.*, 30 S. 921–931.

[5] Myklebust, J. B., Pintar, F., Yoganadan, N., Cusick, J. F., Maiman, D., Myers, T. J., Sances, A. Jr. (1988). Tensile strength of spinal ligaments. *Spine*, 13 S. 526–531.

[6] Östh, J., Brolin, K., Carlsson, S., Wismans, J. und Davidsson, J. (2012). The occupant response to autonomous braking: a modeling approach that accounts for active musculature. *Traffic Injury Prevention*, 13(3) S. 265–277.

[7] Pitzen, T., Geisler, F., Matthis, D., Muller-Storz, H., Barbier, D., Steudel, W., Feldges, A. (2002). A finite element model for predicting the biomechanical behaviour of the human lumbar spine. *Control Engineering Practice*, 10 S. 83–90.

[8] Yoganandan, N., Kumaresan, S., Pintar, F. A. (2000). Geometric and mechanical properties of human cervical spine ligaments. *J. Biomechanical Engineering*, 122 S. 623–629.

[9] Yoganandan, N., Kumaresan, S., Pintar F.A. (2001). Biomechanics of the cervical spine part 2. Cervical spine soft tissue responses and biomechanical modeling. *Clinical Biomechanics*, 16 S. 1–27.

Tabelle A.3: Muskelparameter reaktives THUMS; # HTE = Anzahl Hill-type-Elemente; Funk. = Funktion des Muskels; KS = Kopfstrecker, KB = Kopfbeuger, NS = Nackenstrecker, NB = Nackenbeuger, RS = Rückenstrecker, RB = Rückenbeuger, ES = Ellenbogenstrecker, EB = Ellenbogenbeuger, HüS = Hüftstrecker, HüB = Hüftbeuger, KnS = Kniestrecker, KnB = Kniebeuger; Proc. tra. = Processus transversus, Proc. art. = Processus articularis superior, Proc. spi. = Processus spinosus, Tub. pos. = Tuberculum posterior, Tub. ant. = Tuberculum anterius; Lit. Ur./An. = Literatur Muskelursprung und –ansatz; PCSA = Physiological cross-sectional area; Lit. PCSA = Literatur PCSA Werte

Nr.Muskel	# HTE	Funk.	Muskel-ursprung	Muskel-ansatz	Lit. Ur./An.	[mm²]	Lit.	σM [MPa]	FM_max [kN]	FM_max pro HTE [kN]	Csh Lit. [8]	Cshort Lit. [8]	Cleng Lit. [8]	Cmvl Lit. [8]	CPE Lit. Lt. [8]
1 Erector spinae longissimus capitis	8	KS	Processus mastoideus ossis temporalis	Proc. tra. C4–T4	[11]	98	[13]	0,5	0,049	0,006	0,5	0,25	0,1	1,5	6
2 Semispinalis capitis *	5	KS	Os occipitale	Proc. art. C4–C7 Proc. tra. T3	[12]/[11]	550	[13]	0,5	0,275	0,055	0,5	0,25	0,1	1,5	6
3 Splenius capitis	6	KS	Processus mastoideus ossis temporalis	Proc. spi. C5–T3	[9]	312	[13]	0,5	0,156	0,026	0,5	0,25	0,1	1,5	6
4 Trapezius descendens	3	KS	Cranium	Clavicula	[13]	378	[13]	0,5	0,189	0,063	0,5	0,25	0,1	1,5	6
5 Rectus capitis posterior minor	1	KS	Os occipitale	Tub. pos. C1	[9]	92	[13]	0,5	0,046	0,046	0,5	0,25	0,1	1,5	6
6 Rectus capitis posterior major	1	KS	Os occipitale	vertebrae C2	[9]	168	[13]	0,5	0,084	0,084	0,5	0,25	0,1	1,5	6
7 Rectus capitis lateralis	1	KS	Cranium	C1	[9]	70	[6]	0,5	0,035	0,035	0,5	0,25	0,1	1,5	6
8 Obliquus capitis superior	1	KS	Os occipitale	Proc. tra. C1	[9]	88	[13]	0,5	0,044	0,044	0,5	0,25	0,1	1,5	6
9 Rectus capitis anterior	1	KB	Cranium	C1	[9]	70	[6]	0,5	0,035	0,035	0,5	0,25	0,1	1,5	6
10 Longus capitis	4	KB	Os occipitale	Proc. tra. C3–C6	[11]/[9]	136	[13]	0,5	0,068	0,017	0,5	0,25	0,1	1,5	6
11 Sternocleidomastoid *	2	KB	Processus mastoideus ossis temporalis	Clavicula und sternum	[11]/[9]	492	[13]	0,5	0,246	0,123	0,5	0,25	0,1	1,5	6
12 Erector spinae longissimus cervicis	5	NS	Proc. tra. C2–C6	Proc. tra. T2–T6	[11]	149	[13]	0,5	0,0745	0,015	0,5	0,25	0,1	1,5	6
13 Erector spinae iliocostalis cervicis	3	NS	Tub. pos. C4–C6	4.–6. costae	[9]	99	[13]	0,5	0,0495	0,017	0,5	0,25	0,1	1,5	6
14 Multifidus cervicis	12	NS	Proc. spi. C2–C7	Proc. tra. C5–T4	[9]/[1]	450	[12]	0,5	0,225	0,019	0,5	0,25	0,1	1,5	6
15 Semispinalis cervicis	4	NS	Proc. spi. C2–C5	Proc. tra. T1–T4	[9]	310	[13]	0,5	0,155	0,039	0,5	0,25	0,1	1,5	6
16 Semispinalis thoracis	2	NS	Proc. spi. C6–C7	Proc. tra. T5–T6	[9]	140	[8]	0,5	0,07	0,035	0,5	0,25	0,1	1,5	6
17 Splenius cervicis	3	NS	Proc. tra. C1–C3	Proc. spi. T3–T5	[9]	144	[13]	0,5	0,072	0,024	0,5	0,25	0,1	1,5	6

18	Levator scapulae *	4	NS	Proc. tra. C1–C4	Scapula	[9]	312	[13]	0,5	0,156	0,039	0,5	0,25	0,1	1,5	6
19	Obliquus capitis inferior	1	NS	Proc. tra. C1	Proc. spi. C2	[9]	195	[13]	0,5	0,0975	0,098	0,5	0,25	0,1	1,5	6
20	Scalenus posterior	3	NB	Proc. tra. C4–C6	1. costae	[11]/[9]	105	[13]	0,5	0,0525	0,018	0,5	0,25	0,1	1,5	6
21	Scalenus medius	6	NB	C2–C7	1. costae	[9]	138	[13]	0,5	0,069	0,012	0,5	0,25	0,1	1,5	6
22	Scalenus anterior *	4	NB	A. tub. C3–C6	1. costae	[11]	188	[13]	0,5	0,094	0,024	0,5	0,25	0,1	1,5	6
23	Longus colli superior oblique	3	NB	Anterior arch C1	Proc. tra. C3–C5	[9]	81	[6]	0,5	0,0405	0,014	0,5	0,25	0,1	1,5	6
24	Longus colli vertical	4	NB	Corpus vertebrae C2–C4	Corpus vertebrae C7–T3	[9]	90	[6]	0,5	0,045	0,011	0,5	0,25	0,1	1,5	6
25	Longus colli inferior oblique	2	NB	Proc. tra. C5–C6	Corpus vertebrae T1–T2	[9]	40	[6]	0,5	0,02	0,010	0,5	0,25	0,1	1,5	6
26	Quadratus lumborum	5	RS	12. costae, T proc. L1-L4	Crista iliaca	[3]	280	[5]	0,5	0,14	0,028	0,5	0,25	0,1	1,5	6
27	Multifidius thoracis	8	RS	Proc. spi. T8-12	Proc. tra. L1-L4	[9]	464	[4]	0,5	0,232	0,029	0,5	0,25	0,1	1,5	6
28	multifidus lumborum	13	RS	Proc. spi. L1-L5	Os sacrum, Crista iliaca	[3]	833	[2]	0,5	0,4165	0,032	0,5	0,25	0,1	1,5	6
29	Erector spinae longissimus thoracis pars thoracis	12	RS	7.–12. costae	Proc. spi. L2–L5, Os sacrum	[8]	1109	[2]	0,5	0,5545	0,046	0,5	0,25	0,1	1,5	6
30	Erector spinae longissimus thoracis pars lumborum	5	RS	Proc. tra. L1–L5	Crista iliaca	[2]	499	[2]	0,5	0,2495	0,050	0,5	0,25	0,1	1,5	6
31	Erector spinae iliocostalis lumborum pars thoracis *	8	RS	12. costae	Crista iliaca	[8]	547	[2]	0,5	0,2735	0,034	0,5	0,25	0,1	1,5	6
32	Erector spinae iliocostalis lumborum pars lumborum	4	RS	Proc. tra. L1–L4	Crista iliaca	[2]	633	[2]	0,5	0,3165	0,079	0,5	0,25	0,1	1,5	6
33	Rectus abdominis *	5	RB	5.-7. Cartilagines costales	Crista pubica	[10]/[9]	567	[10]	0,5	0,2835	0,057	0,5	0,25	0,1	1,5	7,2
34	obliquus internus abdominis	2	RB	Cartilagines costales	Crista iliaca	[10]/[9]	710	[10]	0,5	0,355	0,178	0,5	0,25	0,1	1,5	7,2

35	obliquus externus abdominis	2	RB	Cartilagines costales	Crista iliaca	[10], [9]	905	[10]	0,5	0,4525	0,226	0,5	0,25	0,1	1,5	7,2
36	Triceps brachii caput longum *	1	ES	Scapula	Olecranon	[9]	570	[7]	0,5	0,285	0,285	0,64	0,3	0,005	1,25	3
37	Triceps brachii caput laterale	1	ES	Humerus	Olecranon	[9]	450	[7]	0,5	0,225	0,225	0,48	0,3	0,005	1,25	3
38	Triceps brachii caput mediale	3	ES	Humerus	Olecranon	[9]	450	[7]	0,5	0,225	0,075	0,64	0,3	0,005	1,25	3
39	Biceps brachii caput longum	1	EB	Articulatio humeri	Tuberositas radii	[9]	450	[7]	0,5	0,225	0,225	0,14	0,3	0,005	1,35	6,15
40	Biceps brachii caput breve *	1	EB	Coracoid proc.	Tuberositas radii	[9]	310	[7]	0,5	0,155	0,155	0,21	0,3	0,005	1,35	6,15
41	Brachialis	2	EB	Humerus	Tuberositas ulnae	[9]	710	[7]	0,5	0,355	0,178	0,5	0,3	0,005	1,35	6,15
42	Brachioradialis	1	EB	Humerus	Radius, distal end	[9]	190	[7]	0,5	0,095	0,095	0,14	0,3	0,005	1,35	6,15
43	Pronator teres	1	EB	Epicondylus medialis humeri	Radius, medial end	[9]	400	[7]	0,5	0,2	0,200	0,35	0,3	0,005	1,35	6,15
44	Extensor carpi radialis	1	EB	Humerus	Os metacarpale II	[9]	220	[7]	0,5	0,11	0,110	0,35	0,3	0,005	1,35	6,15
45	Biceps femoris *	3	HüS, KnB	Tuber ischiadicum und linea aspera, medialis femoris	Condylus lateralis tibiae	[9]	1680	[1]	0,5	0,84	0,280	0,2	0,3	0,005	1,35	6,95
46	Rectus femoris *	1	HüB, KnS	Spina iliaca anterior inferior tendo	Quadriceps	[9]	1390	[1]	0,5	0,695	0,695	0,8	0,3	0,005	1,35	6,95

Literatur der verwendeten Muskelparameter aus Tabelle A.3

[1]   Arnold, E., Ward, S., Lieber, R., Delp, S. (2010). A model of the lower limb for analysis of human move-
        ment. *Annals of Biomedical Engineering*, 38(2):269–279.

[2]   Bogduk, N., Macintosh, J., Pearcy, M. (1992). A universal model of the lumbar back muscles in the
        upright position. *Spine*, 17 S. 897–913.

[3]   Bogduk, N., Endres, S. (2005). *Clinical anatomy of the lumbar spine and sacrum*. London: Elsevier
        Churchill Livingstone.

[4]   Daggfelt, K., Thorstensson, A. (2003). The mechanics of back-extensor torque production about the lum-
        bar spine. *Journal of Biomechanics*, 36 S. 815–825.

[5]   Delp, S., Suryanarayanan, S., Murray, W., Uhlir, J., Triolo, R. (2001). Architecture of the rectus abdom-
        inis, quadratus lumborum, and erector spinae. *Journal of Biomechanics*, 34:371–375.

[6]   Hedenstierna, S. (2008). *3D finite element modeling of cervical musculature and its effect on neck injury
        prevention*. KTH Royal Institute of Technology, Stockholm.

[7]   Holzbaur, K., Murray, W. und Delp, S. (2005). A model of the upper extremity for simulating musculo-
        skeletal surgery and analyzing neuromuscular control. *Annals of Biomedical Engineering*, 33(6) S.
        829–840.

[8]   Östh, J., Brolin, K., Carlsson, S., Wismans, J. und Davidsson, J. (2012a). The occupant response to au-
        tonomous braking: a modeling approach that accounts for active musculature. *Traffic Injury Pre-
        vention*, 13(3) S. 265–277.

[9]   Standring, S. (2008). *Gray's anatomy – the anatomical basis of clinical practice*. London: Elsevier
        Churchill Livingstone,

[10]   Stokes, I., Gardner–Morse, M. (1999). Quantitative anatomy of the lumbar musculature. *Journal of Bio-
        mechanics*, 32 S. 311–316.

[11]   Toyota. (2008). *Users' Guide, THUMS v.3.0. AM50 Occupant Model*. Toyota City, Aichi: Toyota Motor
        Corporation, Toyota Central Labs Inc.

[12]   van der Horst, M. (2002). *Human head neck response in frontal, lateral and rear end impact loading:
        modelling and validation*. Dissertation. Technische Universität Eindhoven. Eindhoven.

[13]   van Ee, C., Nightingale, R., Camacho, D., Chancey, V., Knaub, K., Sun, E., Myers, B. (2000). Tensile
        properties of the human muscular and ligamentous cervical spine. *Stapp Car Crash Journal*, 44 S.
        85–102.

Printed in the United States
By Bookmasters